JN173074

「自然の恵み」の伝え方

生物多様性とメディア

日本環境ジャーナリストの会 編著
早稲田環境塾 協力

清水弘文堂書房

編集協力　相澤洋美
装丁　深浦一将
DTP　中里修作
校閲　上村祐子

「自然の恵み」の伝え方

生物多様性とメディア

はじめに

２０１０年、愛知県名古屋市で行われた「ＣＯＰ10（生物多様性条約第10回締約国会議）」をきっかけに、「生物多様性」という新しい概念が、あらためて人口に膾炙（かいしゃ）するようになった。同時に、「生態系サービス」という聞き慣れない言葉も、一部の専門的な分野の報道に登場するようになってきた。しかし、今日に至るまで、どちらの言葉も日本ではまだまだ一般に浸透している概念とは言いがたい。

そのような中で、私たち日本環境ジャーナリストの会（ＪＦＥＪ）は、地球環境基金の助成を受けて、２０１１年度から3年間、「生態系サービスをいかに報道するか」をテーマに、取材・研究活動を行った。

戦後の環境報道は、「公害報道」に端を発していると言える。１９５０年代末から60年代にかけて、「公害」が目に見える形で日本の市民に健康被害を与え始めた。高度経済成長期の歪みが、深刻な人権侵害を起こしていることが、報道によって次第に明らかにされてきたのである。その報道の拠り所となったのが、憲法における「基本的人権の尊重」（安全と生存の権利、健康な生活を営む権利）であった。

近年生まれた「生物多様性」という新しい概念は、「人権」だけでなく、あらゆる生物の多様な生存権を尊重すべきという、さらに何歩も踏み込んだ概念から環境問題をとらえることを余儀なくさせている。また、「生態系サービス」という言葉は、生物多様性を保存することが、結果的にその土地に棲息する生物に対して、人間を含めて恩恵をもたらすことを表している。

そのためには、人間の生活における価値観も、新しいステージに移行させねばならなくなった。経済的な豊かさや活発な消費活動といったものだけで幸福度を押しはかる価値観から、新たな概念の構築が求められている。

この新しい概念をいかに報道するのか。

日本環境ジャーナリストの会は、この命題が環境問題を扱うジャーナリストたちにとって急務のテーマであると考え、研究活動を行うことにした。

取材・研究の中心としたのが「利根川流域」だった。河川は、上流、中流、下流とそれぞれの流域で、さまざまなステークホルダーたちが、それぞれの利害によって生活をしている。上流と下流では、利害関係がぶつかることもしばしばある。首都圏の中心を流れ、広範囲にわたった流域の生物多様性を保全することが、めぐりめぐって我々の生活にも「恵み」を与える結果になる。このような循環を担保するためには、どうしたらよいのか。それを報道するためには、どのような手法を取ったらよいのか、というのが本研究の趣旨である。

日本環境ジャーナリストの会は、新聞、放送、出版、業界紙、あるいはフリーランスの立場から、環境問題を専門とした、あるいは環境問題に関心を持つジャーナリストたちが集い、情報交換をし、その報道手法を研究するために92年に設立された任意団体である。

通常、会社単位、専門分野単位で分断されながら報道に携わっている私たちは、利害関係も広範囲に絡み合う「生物多様性」の報道に関しては、旧来の縦割り分割方式の報道ではカバーしきれないことを実感している。また、環境問題の報道は、ひとつの局地的な事象のみを「客観的に」報道することだけでは足りない、あるいはそのことによる負の現象が常につきまとうことも痛感している。

旧来の客観報道だけではなく、解説報道、深層報道、調査報道、そしてアドボカシー・ジャーナリズム（擁護型報道）とも言われる「ある価値観を持った報道」、さらには取材対象に積極的に関わることで、ひとつの提案・提唱をする報道手法など、さまざまな可能性が検討されなければならない。

本会の特性は、会員一人一人が会社や立場を横断し、また記者クラブや担当する部門のセクショナリズムを超えて、「環境問題」という共通のテーマに関して研究、調査できることにある。

この特性を活かして、私たちは、利根川流域の生物多様性を包括的にとらえ、上流域から下流域まで、各地域の事象をそれぞれ単発の報告に終わることなく、全体を視野に入れて取材・研究することを試みた。

取材・研究活動にあたっては、流域の多様な生態系そのものにお互い恩恵を与える持続可能な環境を構築するという共通の「価値観」を持って臨んだ。

普段、それぞれの組織の一員（あるいはフリーランス）として報道活動をしている際には持てない広い視野と価値観を持って、取材・執筆にのぞめるという本会の最大のメリットを活かして、各担当者が「報道手法」をそれぞれに探求していった。

このプロジェクトを実行するために、第一段階としてまず、「生物多様性とは、どのような概念なのか」そして「生態系サービスとは何か」を研究するところから始めた。専門家にあたり、取材も重ねた。第二段階としては、実際に河川流域の生態系サービスの保全で、ある種の成功を収めている実例を研究した。続く第三段階として、実際に利根川の上流域、下流域のフィールドワークを通じて、自治体や産業従事者、ＮＰＯ、ジャーナリストなど、さまざまな立場のグループと情報交換を行った。また、生物多様性の保全の実態を研究し、情報交換をすることによって、新しい価値観の創造を、積極的に促す報道手法を試行した。

その3年間の足跡と成果をまとめたのが、本書である。

探求が始まった同じ年の2011年3月11日、東日本大震災が起きた。この未曾有の天災と大事故は、その後の日本社会を大きく変貌させ、日本の環境報道の方向性についても、大きな影響を与えた。

東日本大震災によって引き起こされた福島第一原発の事故に関する報道は、事故から5年が経つ今も、市民の知りたい情報に、メディアがどれだけ応えられる報道をしてきたかを考えると、極めて疑問だと言わざるを得ない。

その意味で、この大事故と日本のエネルギー政策の今後、原発事故報道の問題も、広義において自然の「恵み」に関して大きな影響をもつものと考え、本研究の視野に加えることにした。

この研究が、日本の環境ジャーナリズムに新しい方向性を見いだす一助になればと希求している。

第一章　概説——生態系サービスとは何か?

１９９０年の後半に使われ始めた「生態系サービス」という言葉は徐々に浸透している。21世紀初頭の国連のミレニアム生態系評価も、「生態系サービス」というキーワードを軸にして行われた。日本でこの言葉が注目され始めたのは、「生物多様性」というキーワード同様、２０１０年のＣＯＰ10がきっかけとなっている。

だが、「生態系サービス」も「生物多様性」も、一部の専門的な世界では日常的に使われている言葉ではあっても、一般に浸透しているとは言いがたい。

生態系の働きによって生み出される便益を示す「生態系サービス」とは、具体的には、どのような考え方を示すものなのか。

本章では、保全生態学の第一人者が「さとやま」を軸として「生態系サービス」とは何かを、「生物多様性」という言葉との関係にも言及しながら、歴史的視点をもって解説する。

生態系サービスと「さとやま」

鷲谷いづみ（中央大学理工学部教授）

私が専門としている「保全生態学」は、生態学の応用分野で、「生物多様性の保全」と「健全な生態系の維持」を目標に、持続可能な利用という社会的な目標の実現に必要な科学的な課題を扱う、非常に広範囲に及ぶ研究分野である。生物学、生態学寄りのところから、地域の人々の営みに関わることまで幅広く扱う。自然再生は現在は政策になっているので、自然再生の科学的な推進に関する研究なども行っている。

２００５年頃、ミレニアム生態系評価のレポートが出た時は、「生態系サービス」という言葉はまだ日本ではあまり注目されておらず、話題にならなかった。私は当時、その一部を紹介する記事を岩波の「科学」に書いたが、それから10年も経たないうちに当たり前のように使われる用語になった。私の中ではもうブームが去っているところもあるが、昔のことも思い出しながら、「さとやま」を重要なテーマとして紹介したい。また、原子力発電所の事故による放射能汚染と生態系サービスということも重要なテーマと言えるので、それにつながることをあわせて紹介したい。

「生態系サービス」とは

「生態系サービス」というテクニカルタームが使われるようになったのは非常に最近のことである。１９９０年代に、デイリーというアメリカの女性生態学者らが中心となって、生態系の働きや生物多様性という価値を世界に認識してもらうのに役立つ、「生態系サービス」という言葉を宣伝し始めた。それはすぐに功を奏し、国連のミレニアム生態系評価は「生態系サービス」というキーワードを軸にして行われた。今日では、生態系の働きによって生み出される人間社会にとってのあらゆる便益は「生態系サービス」と呼ばれ、地域によって何がサービスとして重要なのかは異なるものの、その地域での心身ともに豊かな生活を支えるのが「生態系サービス」であると言える。

ここにひとつ「さとやま」らしい場所があったとして、その生態系サービスを考えてみたい。まず、ここでできる農作物は生態系サービスのひとつにあげることがで

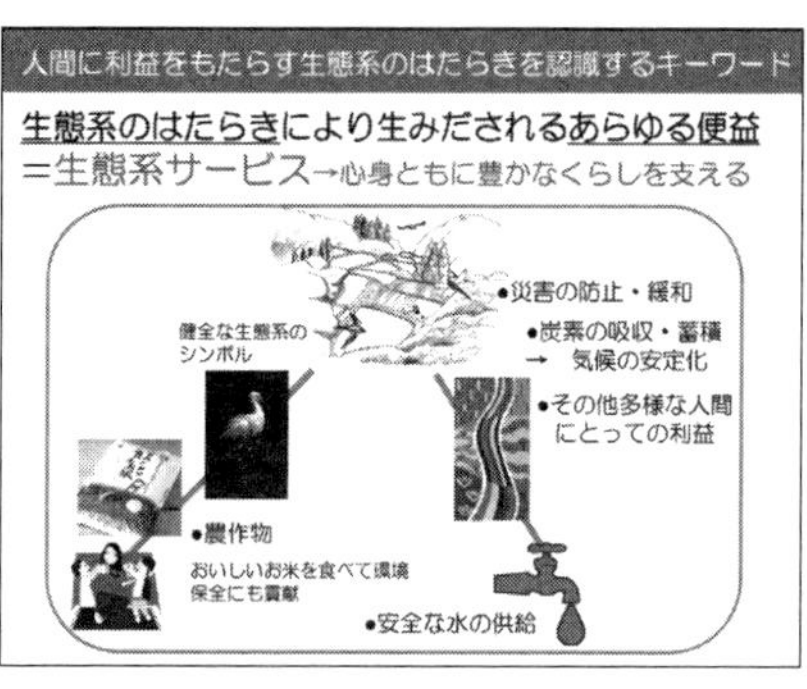

きる。それが環境保全と結びついてブランド化されていると、より価値の高い生態系サービスとして提供されることになる。水田や樹林などが組み合わさることで、保水の効果なども期待でき、そうしたことを介して災害の防止や緩和に役立つというサービスが考えられる。植生と土壌が炭素を吸収して蓄積するので、気候の安定化にも役立つというサービスも可能だ。水源域に、あまりたくさんの農薬や化学肥料が使われていれば実現は厳しいが、そうではなく、最新の環境保全型農業が行われていれば、下流域の安全な水の供給にも寄与するというサービスを提供することにもなろう。

生態系と生物多様性の言葉の関係は複雑で、お互いに交錯している関係である。生態系も生物多様性の要素に含まれるとともに、生物多様性の要素である種が構成する生態系の働きによって生態系サービスが生まれてくる。そういう意味では、生態系サービスを生み出しているのは、もとをたどっていくと生物多様性であるという言い方もできなくはない。

生態系サービスは通常4つのカテゴリーに分けて区分されている。

①　資源の供給サービス
②　調節的サービス
③　文化的サービス
④　基盤的サービス

4つめの基盤的サービスも入れると、生態系サービスは非常に広い概念になる。人が直接便益を受けるサービスが生み出されるためには、そのために十分な生態系が維持されていなければいけないので、生態系全体の健全性を保つような働きを「基盤的サービス」とカテゴライズしているからだ。

ミレニアム生態系評価では、資源の供給サービス、調節的サービス、文化的サービス、基盤的サービスという面と、Human Well-Beingとの関連を重視しながら評価が行われた。Human Well-Being の Being という言葉は日本語に置き換えると適切な言葉がなく、幸福とか、福利、

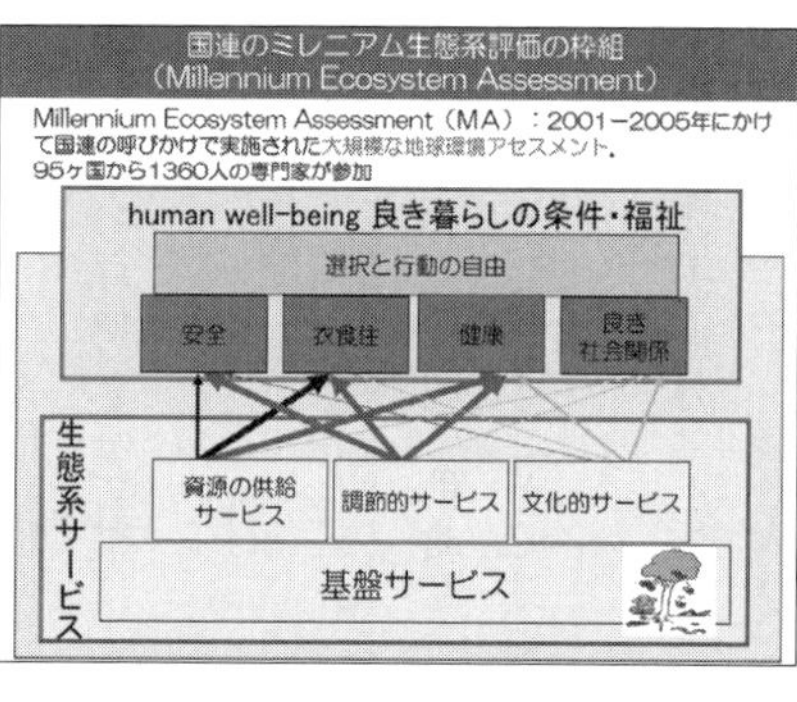

福祉と訳している場合もあるが、なかなかピンと来ないので、ここでは「良き暮らしの条件」とか、「福祉」と表現する。こうした関連を重視しながら生態系の評価は行われた。「良き暮らしの条件」としては、まず選択や行動が束縛されないことが挙げられる。自由がなければ良き暮らしはあり得ない。そのうえで、安全で衣食住に満ち足りていること、そして健康であり、良き社会関係に恵まれていること。幸福や Well-Being を観念的に捉えると、これくらいの要素になるだろうという常識的な分類がなされている。資源の供給サービスは衣食住を支えるものであり、健康も、食べるものがほとんどないということでは健康は保たれないというように、関係を想定しながら分析がなされた。

ミレニアム生態系評価は、国連の呼びかけで実施された大規模な地球環境のアセスメントである。約5年をかけて実施され、2005年に出された報告書は全てインターネットで読むことが可能だ。世界各国から1360人の専門家が参加したが、欧米の専門家が多かった。残念ながら日本からの貢献はあまり大きくなかった。

まず、生態系と生態系サービスを把握したり、分類したりという基本的な作業が行われ、人間社会と生態系サービスの結びつきがどんなものかという概念的な整理が行われた。そして、そうしたことに及ぼす直接的、間接的な要因を把握し、そこから適切な指標や評価項目などを選んでいき、それに基づいて今どんな現状にあるかという傾向評価、生態系の評価を行い、それを先ほど述べた人類の Well-Being との関係に基づいて、影響が評価された。

これまでの50年間について評価して、この先50年を予測するという作業が行われたが、先の予測は、シナリオに基づいてシナリオ評価などを行う（この場合の「シナリオ」というのは、これから想定しうるいろいろな問題にどう対処するかというもの）。これは、それぞれ対処の仕方の違うシナリオを分析することになり、当然ながら、不確実性が大きい。気候変動のレポートなども同様だが、ある程度は不確実性についても意識した記述をしている。

具体的な問題をごく一部だけ紹介すると、たとえば Well-Being の場合、人々が幸福に暮らす、貧困を撲滅するということは国連の非常に重要なテーマであり、貧困の問題は大変重視されている。生態系サービスは、その Well-Being や貧困にも影響するが、他のもの、たとえば人工的な変動とか社会政治的な要因など Well-Being に影響するものもたくさんある。土地利用が変化するということや気候変動、外来種のことなども直接的影響だけではなく、間接的影響についても考慮する枠組みによって評価を進めたいということが特徴となっている。

生態系サービスが関係する範囲は、このように膨大なので、なかなかポイントを捉えて語ることは難しいのであるが、この50年ほどの間に生態系がどうなったかということに関して、特に重要な数字だけを紹介してみよう。

現代の地球の生態系のひとつの特徴は、大きく人為的に改変されているということである。たとえば水。人間が使う水はこの４００年間で約2倍に増えた。そして、その水を使うために設置したダムなどの貯水量は約4倍になっている。また、農地は開発が進んでいるというのが現状だ。１９５０年からの30年間に農地になった土地の面積は、１７００年頃から１５０年間に農地開発が盛んに行われたこともあり、今はもうすでに農地として放棄されているところも含めると陸地面積の4分の1にまで増えている。ここ30年でみると、肥料の使用量や農地の蓄積量は約3倍になり、窒素に関しては、生物が利用可能な窒素が2倍以上に増えている。これはなぜかというと、自然のプロセスによって大気中の不安定な窒素は生物が利用できる窒素に変えられているが、それよりも人間が工業的に窒素を固定して農地に投入する量のほうが多いからである。海では乱獲によって漁業資源の枯渇が全地球的に問題になっているが、資源が枯渇しつつある魚種が4分の1に減っているという調査結果が出ている。

生態系サービスの評価が可能なのは、統計データなどによってある程度量的に把握することが可能なもの、あるいは量的把握が難しくても、何が起こっているかを非常に明瞭に共通認識できるものに限られていて、24のサービスについて評価ができた。資源の供給サービスについては、穀物、家畜、魚、水産養殖、野生状態の食物など市場のあるもので評価がしやすい。穀物や家畜による供給的サービスが強化され、農地の開発や農業の効率化が図られたことで、供給量は大幅に増加したが、多様な生態系サービスが減少したことがわかる。

気候の制御は地球全体で上向き、調節的サービスが上昇しているとなっているが、これは温暖化と逆の効果がある。緑が少なくなったり砂漠化したりすると白くなり、アルベド（地表面が太陽の光を反射する割合）が増加して冷却効果が生じることを意味している。その効果についてだけはプラス。害虫の制御も、生態系による制御は低下しているが、植物の受粉は農業生産の一部にとって重要であり、野生の植物が実を実らせるためにも重要だが、ポリネーターの働きによる花粉媒介は大幅に低下が進んでおり、この問題は、評価された頃より今のほうがもっと深刻な問題として捉えられている。

自然災害の制御に関しては、マングローブ林、海岸近くの湿地や干潟などといったものがおしなべて減

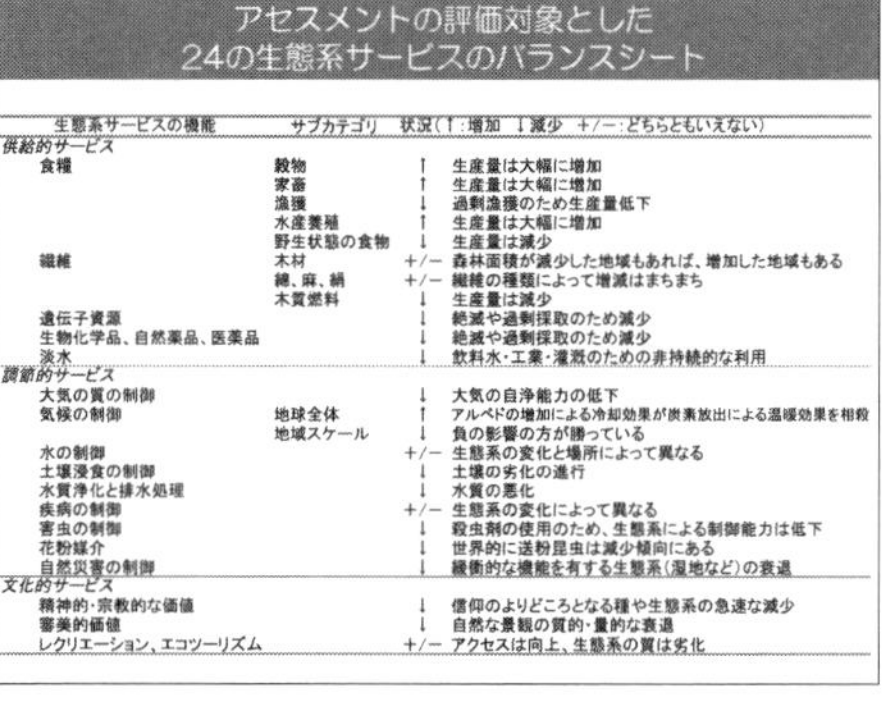

アセスメントの評価対象とした
24の生態系サービスのバランスシート

生態系サービスの機能	サブカテゴリ	状況（↑：増加　↓減少　+/−：どちらともいえない）	
供給的サービス			
食糧	穀物	↑	生産量は大幅に増加
	家畜	↑	生産量は大幅に増加
	漁獲	↓	過剰漁獲のため生産量低下
	水産養殖	↑	生産量は大幅に増加
	野生状態の食物	↓	生産量は減少
繊維	木材	+/−	森林面積が減少した地域もあれば、増加した地域もある
	綿、麻、絹	+/−	繊維の種類によって増減はまちまち
	木質燃料	↓	生産量は減少
遺伝子資源		↓	絶滅や過剰採取のため減少
生物化学品、自然薬品、医薬品		↓	絶滅や過剰採取のため減少
淡水		↓	飲料水・工業・灌漑のための非持続的な利用
調節的サービス			
大気の質の制御		↓	大気の自浄能力の低下
気候の制御	地球全体	↑	アルベドの増加による冷却効果が炭素放出による温暖効果を相殺
	地域スケール	↓	負の影響の方が勝っている
水の制御		+/−	生態系の変化と場所によって異なる
土壌浸食の制御		↓	土壌の劣化の進行
水質浄化と排水処理		↓	水質の悪化
疾病の制御		+/−	生態系の変化によって異なる
害虫の制御		↓	殺虫剤の使用のため、生態系による制御能力は低下
花粉媒介		↓	世界的に送粉昆虫は減少傾向にある
自然災害の制御		↓	緩衝的な機能を有する生態系（湿地など）の衰退
文化的サービス			
精神的・宗教的な価値		↓	信仰のよりどころとなる種や生態系の急速な減少
審美的価値		↓	自然な景観の質的・量的な衰退
レクリエーション、エコツーリズム		+/−	アクセスは向上、生態系の質は劣化

少しつつあるので、緩衝帯がなくなって社会が自然災害に脆弱な状態になっている。特定の生態系サービスの強化によって、あるいは独立に低下したサービスが少なくなく、将来に向けてもますます生態系サービスの低下はもたらされるだろうと予測されている。

24のサービスの評価を見ると、統計資料等で評価が可能なサービスのうち60％にあたる15のサービスは劣化している、あるいは持続可能ではない。現世代の生態系劣化のつけを、のちの世代に回すことになっていることが浮き彫りになっている。

過去50年は大きく生態系が変化した時代である。それは食料や、水や、材木、燃料などの需要が高まったことと関連して、その需要を満たすために、それらの供給サービスを強化するよう人間活動が増進されたことにより、他の生態系サービスの不可逆的なポテンシャルの低下が生物多様性の損失によってもたらされた。生態系の変化は、人間の物質的な幸福の改善と経済的な発展に寄与したが、その一方で、多くの生態系サービスの劣化と非線形的な変化をもたらした。最近はTipping Pointという言葉がよく使われるようになったが、ある限界を超えて生態系が変化してしまうと、急にいくつもの生態系サービスが失われるなど、不可逆的な変化でもとに戻すことが難しくなるリスクが増大する。また、ある生態系サービスを強化することによる利益や恩恵は全ての地域の全ての人が享受するわけではなく、一方で極めて深刻な貧困化などの犠牲を招くこともあることを知っておかなくてはいけない。開発の在り方によってはその地域の人たちが伝統的に利用していた生態系サービスが利用できなくなり、もっとも貧しい層が生態系サービスの利用可能性を失ってさらに一層貧困になるということが起こっている。

特定の供給サービスの人為的強化はこの50年間の大きな傾向だが、多様な生態系サービスと基盤的サービスを損なう傾向にあったことが明らかになった。

生態系サービスと生物多様性の関係

生物多様性は、概念としては種内の多様性、遺伝子の多様性、そして種の多様性、生態系の多様性までを含んでいる。そのため、それぞれの多様性と生態系サービスの関係について見てみると、生態系の多様性が保たれていれば、異なるタイプの生態系は、異なる生態系サービスのセットを提供する可能性があるので、多様な生態系サービスの提供ポテンシャルが保障される。

それぞれの種は単独で、あるいは生物間相互作用などを介して、異なる生態系サービスを提供する「生態系の機能」に関わっている。

類似した生態系における機能を持つ種が何種も存在することを「冗長性（Redundancy）」と呼んでいるが、冗長性があると、ある種のあり方が変わっても他の種がその役割を担い、生態系サービスの安定した提供が可能となる。似たような働きをする種が多く存在すれば、安定的に生態系サービスが提供される。その意味で、種の多様性は、生態系サービスの安定的な提供に寄与していると考えられる。

また、種内に多様性があることが、その種の存続性にとても大きな意義を持つ。環境が変動してある程度変化しても種が維持されるなど、同じようなタイプの環境変化で個体群全体が失われることはないという意味で、種内の多様性は、種の存続性を通じて生態系サービスの安定的な提供に寄与している。これは生態系サービスを提供する機能そのものに「生物多様性」がどう働いているかということだが、生物多様性の利用法においては、多様な生態系サービスを提供するポテンシャルを失わせない配慮が必要である。生物多様性があってこそ健全な生態系が成り立つわけであり、生物多様性は生態系サービスの指標と考えることができよう。ある特定の生態系サービスにだけ注目し、それを強化することがよくある。だが、それによって他の生態系サービスを提供するポテンシャルが失われたリスクを考慮する必要がある。そのためには、生物多様性などを失わないようにし

生物多様性と生態系サービス

生物多様性 生態系の多様性 ／ 種の多様性／ 種内の多様性

●生態系サービスの源泉／安定的なサービス提供を保障

生態系の多様性：異なるタイプの生態系は異なる生態系サービスのセットを提供

種の多様性：異なる種は単独でまたは生物間相互作用を介して異なる生態系サービスを提供　類似した生態系機能をもつ種が何種も存在すれば冗長性を通じて生態系サービスの安定した提供が可能

種内の多様性：種の存続性を通じて生態系サービスの安定的な提供に寄与

●生態系サービスのバランスのよい利用（生態系の健全性）の指標　（行司役）

ながら、多様な生態系サービスをバランス良く提供するポテンシャルを残していくことが重要だ。このように、生態系サービスと生物多様性の間には密接な関係がある。

原子力のあやうさ

次に、原子力発電の事故と生態系サービスに関わることを簡単に述べたい。

放射能を完全に閉じ込めることは、人間の今持っているテクノロジーでは、まだまったくできていない。日常的な管理放出というものも若干あるが、ドイツ政府による調査によると——メカニズムが十分に証明できていないので検討中としつつも——原発周囲の5キロメートル圏内では小児白血病が非常に高い率で発症しているという報告があがっている。事故が起こったら、どんなことになるのかは、私たちが一番経験している。

放射性廃棄物には1トンあたり10の18乗の放射能があって、それが徐々にそれぞれの半減期で減っていく。私たちが進化を考えるタイムスケールは100万年オーダーである。新しい種が出てくるのは100万年オーダーの出来事だが、100万年経っても廃棄物1トンあたり10の12乗。ひとつの原子力発電所から1年に出てくる廃棄物はおよそ25トン。それが溜まっていっており、その処理について、計画はあるがうまく進んでいないというのは周知の事実だ。それは日本だけではなく、世界全体としても同じことが言える。日本だけが中間処理をしてもう一度燃料にして他国に売ろうと考えていたが、他国が原発をやめてしまったことで、今まで溜まった分とこれから溜まる分の最終処分を考えなくてはいけなくなった。処理方法を決めているのはフィンランドともう1か国くらいで、その他の国々ではまだ決まっていないため、「そのうち技術が開発され、最終処分ができるようになるだろう」ということで、廃棄物が溜まり続けているのが現状だ。

処分や保管は非常に長期にわたる。何万年、あるいは場合によってはもっと長いタイムスケールで保管管理が必要になる。どこに処理するにしても同様だ。現世代の利益だけではなく将来世代の利益も考えることが「持続可能性」であることを考えると、発電の恩恵を受けなかった人に対してや、生態系や生物多様性へも将来甚大な影響が及ぶかもしれないというのは、サスティナビリティの思想と合い入れないような廃棄物のあり方ではないかという感じがする。まずそれが、環境、生物多様性の保全に関わっている立場の私から見て思うところだ。

福島原発の問題は現在進行中で、これからいろいろなことが起こるだろう。一方で、チェルノブイリは事故後約30年が経過し、膨大なレポートや論文がある。その中から生態系サービスに関するところを取り上げてみたい。

事故の規模はチェルノブイリのほうが若干大きいと思われる。今のところ、福島はどのくらいの放射能が出たかがはっきりとわからず、「政府がこう言っている」という情報だけだ。チェルノブイリではヨウ素131の汚染が確認されている。ミルクが汚染されて子供たちの多くが甲状腺癌になったということが報告されているが、これは半減期が短いので、事故後の短期間の汚染が問題になった。セシウム137は半減期が長い物質の指標になるような核種であるが、測定しやすい。いまだにかなりの線量が存在しており、あまり減っていない。一部で除染などが試みられたが、これもあまりうまくいっていない。ごく局所的にうまくいったところがあっても、ほとんどがうまくいっていない状況だ。

健康と環境への影響はさまざまで、それから生態系サービスへの影響を取り出してくるのはなかなか難しいが、資源の供給サービスに関わる数字を拾い出してみた。汚染によって利用できなくなった農地と林地の面積について、ヨーロッパに広くいろいろな影響があるが、狭く限定してウクライナ、ベラルーシ、ロシア共和国のみを合計してみると、およそ78万ヘクタールを放棄せざるを得なかったことが分かった。木材の汚染が問題になってしまうので、主要産業である材木の生産はおろか、燃料にもできない。京都の五山送り火（大文字）で松のことが話題になったことがあったが、それほど樹木は汚染されやすいのだ。結局、約69万ヘクタールが生産林としての機能を完全に失った。

ベラルーシはもっと悲劇的で、もっとも優良な農地が汚染されてしまった。牛乳が一番話題になったが、初期の頃はヨウ素の汚染。次いでセシウムが牧草から牛の体に取り込まれ、ミルクが汚染された。このミルクを子供が飲んで甲状腺癌のリスクが高まるなどの事態につながる。「多くの子どもが甲状腺癌にかかった」と言われたが、どういう機関がどう発表しているかによって詳細の数値は異なる。原子力を推進する立場が強い機関は少なめの評価だが、それでも4000人の子どもが甲状腺癌になったという報告が出されている。

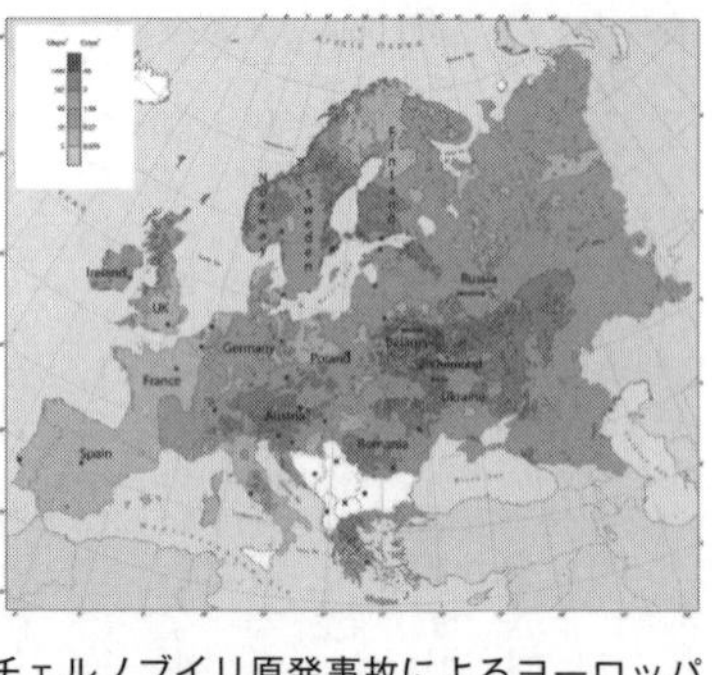

チェルノブイリ原発事故によるヨーロッパ各地への放射能汚染
Møller & Mousseau (2006) TREE 21:200-207

２０００年代になってもなお、ヨーロッパ全域で暫定的なその国の基準値を超える牛乳の生産が続いている。

次に、伝統的な食生活をずっと続けてきた地域の問題について紹介する。伝統的な営みで食べ物を採集し、それらに強く依存している地域は、貧しい地域が多い。そういうところの食料は、生態系サービスとして大変重要な価値がある。たとえばビタミンCの供給に重要なベリー類。ブルーベリーや野生のイチゴ、キイチゴ類などは、放射能を集めてしまう性質があることがわかっている。これは1平米あたりの土壌、キロベクレルあたりその植物体のベクレル数で測る。こうしたものを移行係数と呼び、作物によってそれぞれ違うので、合計数を比較したりはしているが、比較的大きい合計数を示している。

きのこ類はさらに汚染が激しい。セシウムはカリウムと同様にふるまう。カリウムは植物の三大栄養素のひとつだが、不足しがちな栄養素である。植物は菌根に依存して、きのこの仲間は菌子を広く張り巡らせて、カリウムやミネラルを効率よく吸収する。子実体（きのこ本体）だけでなく、樹木やその他共生している菌根を持っている植物に供給するので、きのこの汚染は、生態学的には非常に納得のいくところである。日本でもチェルノブイリの時に汚染されたきのこがかなり見つかって報告されているようだ。今回はまだこれからではないかと危惧している。

こういう汚染は、場所によって大きく変動がある。ピンポイントで「ここのものは危ない」と言いにくい面はあるが、それでも子実体に含まれているセシウム１３７の濃度と土壌の汚染度には相関が認められている。変動は大きいが、土壌が汚染されているところではきのこがより汚染されているという関係があることは分かった。

「ホットスポット」という言葉をよく聞くが、チェルノブイリの事故後にヨーロッパ全域にいくつか発見された「ホットスポット」において、きのこは問題になっていた。2012年4月に飯舘村のシイタケにかなりの汚染が報告されているという報道があったが、これが菌糸（菌根）から吸収された汚染なのか、あるいは降ってきたものが付着したのか、解明が待たれる。今後、野生のきのこがどうなるか。工場の中でつくっているきのこは、汚染はあまり心配ないだろうが、きのこ採りが好きな人たちは慎重に行動したほうがいいだろう。「生態系サービス」からみると、森や湿地の恵みが放射能汚染によって災いになってしまったといえる。

菌類は放射性物質をためやすく、多くの樹木がその菌類と共生している。菌類が集めたセシウムが樹木に移り、葉が落ちると、またそれをきのこの菌糸が吸収するということで、チェルノブイリの後では放射性物質も循環させるという事態になっているようだ。

伝統的な暮らしをずっと続けていた人たちが最大の被害者になるということが、このことからも予想される。たとえば、スカンジナビア半島やロシアの北極圏に住んでいるサーミ人など、古代に大型哺乳類を狩っていたような生活スタイルを続けてきた狩猟遊牧民族。彼らは、今はほとんどが定住生活をしているが、トナカイを牧場のようなところで飼っていたり、トナカイに依存して暮らしている狩猟遊牧民族である。トナカイの肉が汚染されてしまったことで、放牧生活が崩壊してしまった。

食物連鎖から見てみよう。スカンジナビア半島やロシアの北極圏といった貧栄養で寒い地域には、植物が生えない。しかし、そういう過酷な環境でも地衣類は一次生産者になる。栄養のないところで菌類がミネラルを吸収して藻類が光合成をする、そういう共生体なのだ。これを主要な餌としていたトナカイが汚染され、利用できなくなった。

チェルノブイリで何が起こったか。汚染のデータについて詳細は発表されていないが、サーミ人がこういう被害を被ったということは、ＩＡＥＡのブックレットにも書いてある事実である。動物や生態系の影響もかなりよく研究され、レベルの高い国際的なジャーナルにも多数掲載されている。

中でも有名なのが、ツバメの話だ。チェルノブイリ・リサーチ・イニシアティブというグループが、ツバメを重要な研究対象として独自の研究を重ね、精力的に論文を発表している。「のどが白くなったツバメ」というのが一つのシンボルだ。通常、オスのツバメはのどが赤く、腹の部分が白い。事故後、チェルノブイリの汚染地域と対象地域では、「のどの白いツバメ」が出てきているが、汚染の源であるチェルノブイリではさらに出現率が高い。カロチノイドの合成に異常が起きると白くなる。色素は、免疫系をはじめさまざまな調節系とつながりがある。オスののどが赤いのはメスにアピールするためである。それが白くなってしまったため、繁殖がうまくいかなくなるということも起こりうる。

免疫やホルモンなど、諸機能への影響が調べられたが、血液や肝臓中のカロチノイドとか、ビタミンA、Eなど抗酸化物質の量が対象時期に比べて統計的に有意に減少していることと、オスのツバメののどが白くなっていることとは相関する事実である。部分白化個体が増えて、オスの精子異常なども多くなった。いろいろな機能的変化がチェルノブイリのツバメで見られて、それらを対象地域と比較してみると、繁殖成功率や生存率が全体に落ちているということも分かった。

もちろん、ツバメに限らずいろいろな鳥やその他の生物に影響が認められるが、放射能の量が違う地域を比較してみると、いずれにしても放射能が高い地域では鳥の種数や種あたりの個体数が減るという現象が起きている。

土壌中の昆虫などを食べている鳥を見てみよう。まず土壌が汚染され、土壌の虫が汚染されて、それを餌

正常なツバメ（左）と部分白化したツバメ（右）
Møller & Mousseau (2006) TREE 21:200-207

にするものほど影響が大きい。最近に発表されたデータでは、いろいろな鳥で脳の容積の低下が起こっているという統計的に有意な結果も報告されている。

事故が起こると、人間は活動を停止してその場所への立ち入りを禁ずる。だから、野生動物が増加する。調査すると、野生動物の種類が多いので、野生動物の楽園なのではないかという見方が広がったこともあるが、実態を調べていくと、そうではないことが分かってきた。チェルノブイリでは、ツバメはいろいろなところから移入してきたと考えられ、ずっとそこに生息していたツバメではないということが分かっている。それらを考慮すると、チェルノブイリはツバメの個体群のシンク（sink）だと言える。sinkというのは台所のシンクと同じで、「集めて沈めてしまう」ものだ。ソースとシンクのうち、ソースは供給源である。シンクは、ソースから固体を受けいれるが繁殖はできない。

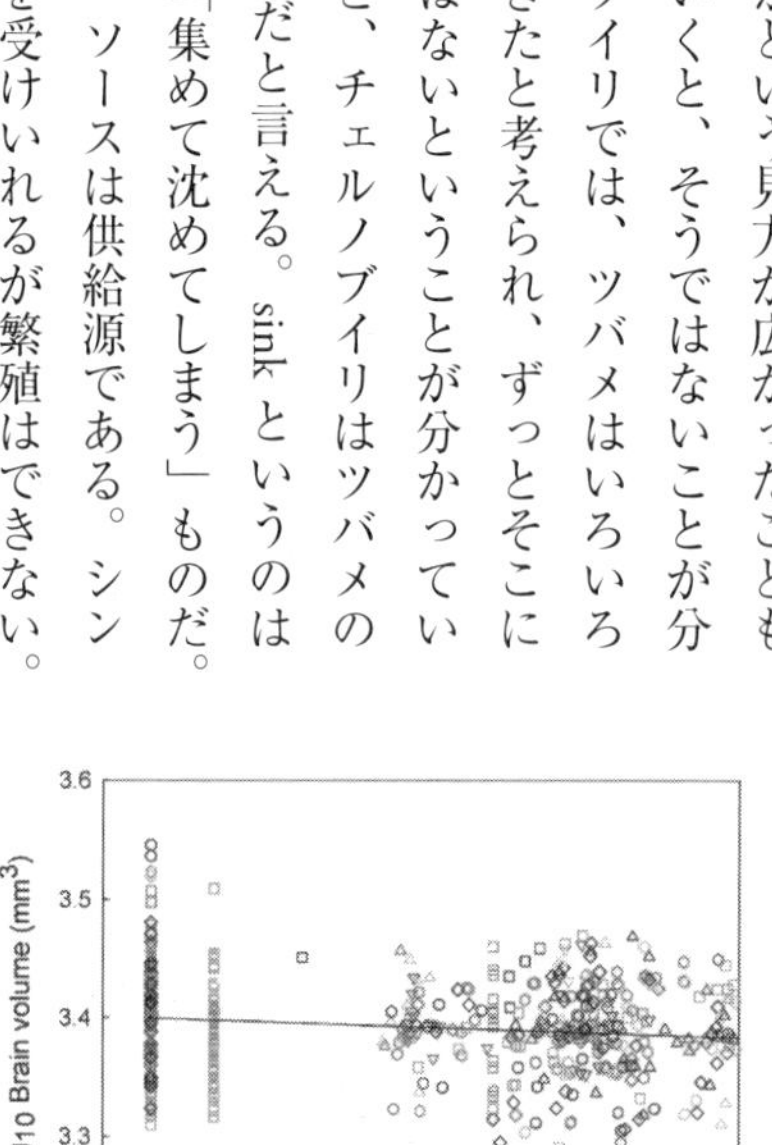

鳥類の生息地域の放射能と脳の容積の関係

つまり、周りの地域から移入個体を吸収しているといえる。野生動物にとっては人間活動がないので、魅力的に見え、移入が増す。しかし寿命は短く、繁殖は失敗してしまう。つまり、野生生物の楽園とは決していえない。人間は、その場所が危険だということを知っているので立ち入り禁止にして近付かないが、危険を認識できない動物たちは、引き寄せられて個体群が消耗されていく。これでは、危険を認識できない動物たちをあざむく「落とし穴」ではないかとすら思えるのだ。チェルノブイリ事故が生態系サービスに与えた経済的評価というものは、ない。しかし、たとえばサーミの人たちと限定して評価しようと思えば、比較的容易にできると思われる。

ここまで、チェルノブイリの例をご紹介したが、日本の生態学者の中で、「3・11」の事故による東北を中心とした生態系サービスの経済的評価をしようという動きは、残念ながらそれほどには活発ではない。生態系サービスも貨幣価値で評価するということがあれば、それは、ただ生態学者だけの仕事ではなく、経済学の仕事になるのではないかと思われる。

日本にはそういうことに関心のある、幅広い視野を持った環境経済学の研究者はそれほど存在しないのかもしれない。ドイツではTEEB（The Economics of Ecosystems and Biodiversity：生態系と生物多様性の経済学）というプロジェクトが進んでいる。

個別の生態系サービスに関しては、制度化されている部分もあると思う。生物多様性との関連で私たちが従事しているのは、生態系サービスをバランスよく提供するポテンシャル。それが生物多様性と関わりがあって、今あるサービスだけに着目して、そのことだけ強化してしまうと、他のポテンシャルが失われるので、将来世代の人たちの可能性を狭めてしまうのではないか。そういう観点で生物多様性と生態系サービスの関係を考えていくことが大切だと思われる。

第二章　「ルポ」生態系サービス――上流域から下流域まで

本章では、地元住民、行政、自然保護団体らが連携して、生物多様性を保全し、「生態系サービス」に結びつけている実例を、利根川上流から下流までに沿ってルポする。

上流域では、水源である群馬県みなかみ町の先駆的な取り組みを報告する。全国に先駆けて「昆虫条例」を制定したみなかみ町のホタルの保護運動が観光事業に結びついている事例や、水源地の「赤谷の森」を、地元住民、林野庁、自然保護団体が一体となって自然林の森に復活させるという遠大なプロジェクトを紹介する。利根川下流域では、自然の恵みを保全することで地域の利益に還元するさまざまな取り組みを取材。成功例と同時に、さまざまな課題も提示する。

さらに、生態系サービスの概念で、社会そのものを変容させている事例を、ＥＵ各国の取り組みを通して検証する。

このように、流域の生態系サービスの実態に直接取材するにとどまらず、地元住民、自治体、ＮＰＯなどと継続的に連携することによって、積極的に活動にかかわり、生物多様性の保全を促すという手法を試みたところにも着目したい。

みなかみホタルの里と日本初の「昆虫条例」

原　剛（早稲田環境塾塾長／ＪＦＥＪ会員・元会長）

群馬県みなかみ町環境課には、環境政策グループ、生活環境グループ、アメニティグループの3グループがあり、自然保護や里山の管理などを担当している。中でも、注目を集めているのが「ホタルの里」。日本初の「昆虫条例（みなかみ町自然環境及び生物多様性を守り育てるため昆虫等の保護を推進する条例）」を制定したみなかみ町にある「ホタルの里」は、生態系の保全活動が観光や教育に結びついているケースで、シーズンには、最高で1日1万人以上の観光客が訪れるという。「ホタルを守る」活動が、観光、メディア、教育などと、どうつながっていったのか。みなかみ町環境課のリーダーである高橋英俊さんにお話を聞いた（2012年9月取材）。

1万人以上が訪れる「ホタル観光」

原剛　ホタル祭りには1日で1万人の観光客が来たそうですね。ホタルを見に来る人は、町外の人がほとんどだとお聞きしたのですが、一度ホタルを見に来たことがある人や、どこかで情報を聞いて来る人が多いということでしょうか。

高橋英俊さん　そうですね、JR上越新幹線の上毛高原駅前で「ホタル祭り」をやっていた頃の記録です。リピーターの方が多いです。シーズンに2～3回いらっしゃる方もいますし、毎年決まってくる方もいます。上牧に温泉病院があるのですが、泊まりがけの人間ドックで当地に入り、夜の時間をホタル観賞に充てるお客さまもいるそうです。そうした方たちは、また来年の予約をして帰られる方が多いと聞いています。

原　そんなに多くの方が訪れるのに、喫茶店や旅館がそれほどあるわけではないんですよね。シーズンに1万人以上もホタルを見に来る人がいるとなると、既存の旅館や民宿への影響が考えられるのでは。

高橋　ホタル観賞の観光客数はここ数年を平均すると約1万8千人ほどです。そのうちのおよそ3割、5千人くらいの方が宿泊込みでいらっしゃいます。ちょうど旅館も、5月の連休を過ぎると夏

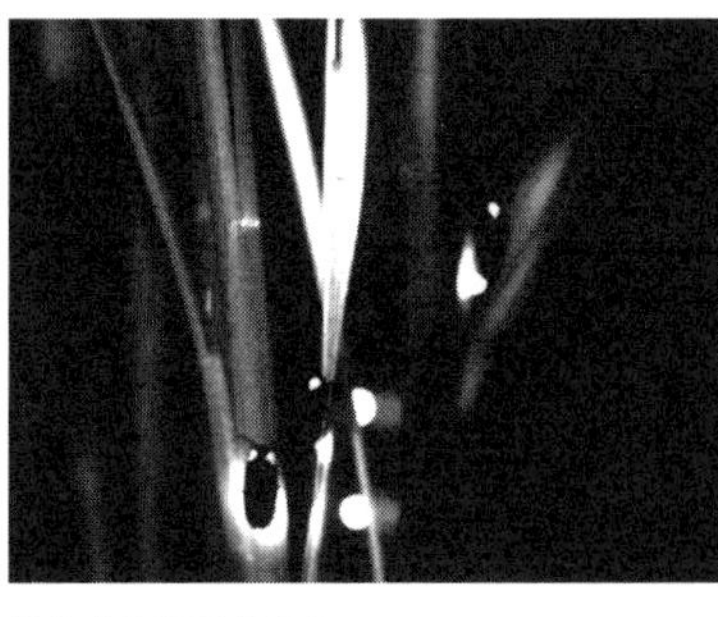

みなかみ町のホタル
（提供：みなかみ町観光課）

休みまでお客さまがいなくなる時期なので、その時期にホタル祭りを開催して、集客している状況です。ホタルの出る20～21時の1時間の間、２㎞コースで案内しています。ホタルは20時にならないと飛ばないものですから、それまでに宴会や夕食を済ませていただき、お客さまがホタルを見に行っている間に宴会場を片づけたり、部屋をセットしたりしています。

原　旅館は何軒あるのですか？

高橋　ホタルをご案内しているのは30軒くらいです。旧月夜野地区の上牧温泉、水上温泉、猿ヶ京温泉の宿泊客がホタル観賞に訪れます。どこからでも車で15分くらいですから、そんなに遠いと感じる程ではありません。上牧の温泉の旅館さんには「月夜野ホタルを守る会」の会員になっていただいておりますので、観賞時期には当番で出てくれる方もいるんですよ。

原　ホタルを介して人が集まり、旅館に泊まることで、宿泊以外でも大きな経済効果がありましたか。

高橋　最近のお客さまは、あまりお土産などの買い物をしないので、そういった面での経済効果は大きくありません。ただ、ホタルは20時以降でないと出現しないので、その時間に合わせて食堂や飲食を利用してくださいます。

原　ホタルの出現はいつからいつまでの間になるんですか？

高橋　だいたい6月中旬から7月中旬です。1万人（1日）というのは、ホタルシーズンの1か月間に入り口でカウントした数です。6月15日から7月15日です。当番と案内と監視を兼ねて2か所で、毎晩来た人の数を勘定しています。

原　こういう数字が出たことに対して、町当局の環境課はどのように捉えていますか。

高橋　来場者数、および宿泊者増という「観光資源」として、町では事業評価をしています。交通の利便性が良いので、JRの上毛高原駅で降りてもすぐに見られます。新幹線と、あと月夜野インターからも降りて5、6分ですので、自家用車で高速を使ってくる方も多いです。埼玉、千葉、東京、そして神奈川県からも多くの方がいらっしゃいますが、一番多いのは埼玉だと思います。

原　車の台数はカウントしていますか。

高橋　特にやっておりませんが、駅のロータリーや町の駐車場は満車になりますね。

川を飛びかうゲンジボタルの群れ
（提供：みなかみ町観光課）

教育にも「ホタル」を活用

原　現地の管理状況について教えてください。石積みにより路筋、川筋を復元しているところがありますが、こうした経費は助成などが出ているのでしょうか。

高橋　農水省の補助事業、または県営事業、町単独事業などさまざまですが、できるだけ町の負担が少なくて済むように申請をしています。事業によって異なりますが、補助率75～50％の事業もあります。平成元年頃から整備が始まり、完成したのが平成17年です。事業ベース(設計や工事費・用地買収など)で約3億円になるかと思います。

原　かなり大きいですね。そういう意味で経済効果は、はっきりしていますね。

高橋　いずれにしても、この水路はある程度の改修が必要でしたので、どうせなら、生態系にやさしい形で、昔いたホタルを呼び戻そうということを考えて工事をすることになりました。3面コンクリート積みと比較すると、少し金額が高くなっていますが、そのおかげで経済効果が出たとも言えます。

原　学校教育にも活用されているとお聞きしました。

高橋　旧月夜野地区には、みなかみ町立桃野小学校、古馬牧(こめまき)小学校、月夜野北小学校の3つの小学校があるのですが、平成5年から総合的な学習の時間に「ホタル教室」という2時間授業を、町のカワニナ養殖施設で開催しています。なぜホタルがいなくなってしまったか、などの基本的な話から始まり、ホタルを育てるのは難しいので、代わりに（エサの）カワニナを学校で飼育して、7月の夏休み前に3校合同で沢に入って放流します。ホタル祭りでは、子どもたちによる体験発表などもあります。

原　3校合わせて何人くらいいるのですか。

高橋　100人くらいです。学校によって学年が違いますが、桃野小学校は3年生で、古馬牧小学校が4年生です。月夜野北小学校も3・4年生が対象となりますが、複式学級なので、重複を避けるために隔年で行っています。

原　子どもたちは何か観察記録のようなものをつけているのですか?

高橋　はい、子どもたちも温度を測り、エサの食べ具合を記録しています。「28度を過ぎると熱くて死んじゃうよ」と言っていますので、温度だけは気をつけていると思います。

原　教育における生態系サービスの活用ですね。大人はつい、生態系サービスを金に換算しろと言いたくなりますが、金になるよりも、勉強した分に大きな教育効果がある。

高橋　そうです。ホタルについては、保護するのが一番の目的なのですが、その次に子どもたちの環境教育を重視しています。ある程度資金も必要ですので、活動資金のために観賞というかたちで外から来るお客さんに募金をお願いしています。「守る会」の会員が1人500円の会費を払って作業しているのですが、250名くらいおりますので、13万円くらい集まります。現地に設置した募金箱からは、30万円前後の寄付金が集まりました。募金なので、年によって変動はありますが、かなり助かっています。

原　旅館や、町の行政が組織する町ぐるみの祭り、小学校の自然保護教育。大学や研究機関は入らないのですか。

高橋　研究調査の対象まではいかないですが、ホタルを始めたころ生息調査で、田んぼでおたまじゃくしを食べるホタルの幼虫を見つけたことがきっかけで、新聞の全国版に載ったことがあります。それで一躍月夜野のホタルが有名になり、ホタルについて本格的に取り組むきっかけにもなりました。

原　おたまじゃくしをホタルの幼虫が食べるんですか？

高橋　はい、そうです。それまではゲンジボタルはカワニナしか食べない、あるいはヘイケボタルはタニシしか食べないという定説があったのですが、この調査結果が出て覆（くつがえ）ってしまいました。食べていた餌がいなくなれば、他のものでも代用として食べるということです。

原　なるほど。それでホタルの生息圏が広がったのですね。

高橋　そうですね。

ホタルとともに生きる町づくり

原　生態系サービスの価値をお金に換算する前に、エコツーリズムという具体的な動きがありますが、行政はどう活かしていきますか。

高橋　エコツーリズムは２０１２年６月に認定になりましたので、谷川岳の案内や、天神平の花をガイドが紹介したりしています。昆虫条例もできました。広域的に広げるにあたって、こうした条例の効果が出ています。「月夜野ホタルを守る会」以外に、猿ヶ京でもホタルの会ができましたし、休耕田に水を張って、自然のビオトープみたいなかたちで個人的にやっている方もいます。藤原スキー場のサンバードという ホテルは千人くらいのお客さまを（観光客とし

「ホタルが当たり前にいた自然を守っていきたい」と高橋英俊さん（左）

て）連れてきます。

原　昆虫条例の前身で、例えば自然保護条例のようなものはあるのですか。

高橋　条例とは違いますが、「真沢だんだんの会」という会があります。棚田地区で地元の人と建設弘済会の方たちが自然保護協会を呼んだりして、田植えや収穫、山里体験のようなかたちで、昆虫を採って調べたりしています。真沢の森という宿泊施設に泊まったり、ピザ窯でピザ作り体験をしたりというようなイベントも行っているんですよ。

原　林間学校みたいですね。

高橋　そうですね。私たちが子どもの時は大峰山（真沢は麓）でキャンプもしたのですが、今はキャンプというより環境学習という感じでしょうか。

原　国際条約や日本政府は里山イニシアティブを提案していますが、具体的なイメージができていません。みなかみ町では行政が関与するかたちで行っているので、具体的なかたちにしやすいですね。高橋さんはホタルに関わって何年くらいになりますか？

高橋　約23年です。「守る会」ができたのが、私が役場に入った年です。当時は農林課の土地改良係というかたちで、工事担当として、このホタルの里で生態系にやさしい水路の工事を手がけました。平成12、13年と豪雨災害が続き、水路が荒れてホタルも減ってしまったのです。当時の小林町長が、ホタルとゴミの関係に力を入れていたので、それまで「守る会」は教育委員会、お祭り（ホタル祭り）は観光のほうでやっていたのですが、町長が「環境課に一本化する」というので、子どもたちの教室やお祭りなどのホタル事業を、できたばかりの環境課に移行しました。当時は教育委員会の特命辞令もあり、農政課でも教育委員会でもホタルの関係をやるということで、私もこの時からホタルに関わっています。

原　カワニナはどうやって獲ってくるんですか？

高橋　カワニナは自然発生で増えるようにしています。子どもたちもホタル学習で育てたカワニナを放流しますが、それは本当に微々たるものです。カワニナは流水じゃないと棲まない。タニシは逆に溜まり水の田んぼにいるので、結局流れている水路に棲むのがゲンジで、田んぼに棲むのがヘイケというように、ちょうど分かれています。

原　発生の日にちは違うのですか？

高橋　ここではちょうどゲンジのピークが過ぎる頃になるとヘイケが始まります。前橋とか、下流のほうに行くと、一旦ゲンジが終わった後に、今度はヘイケになります。通常、発生時期に差があるのですが、ここは、同時期に両方見られるところなんですよ。

原　高橋さんはご自分でもホタルを飼っているとお聞きしました。

高橋　自分である程度勉強するために100匹くらい飼育しています。

原　ご自分でもホタルと共に生活しておられるわけですね。手応えと言ったらおかしいですが、ホタル関連の事業によって今の世の中の人々の心にアピール出来るというふうにお考えですか。

高橋　地区では、ここ数年安定した動きが出てきています。お祭りだけで盛り上げていた時は、どうしても「守る会」ではなく、役員だけでやっていたような状況でした。それが合併に伴い町の補助金がなくなったことで、自分たちで動かなければ間に合わなくなってきた。結局、普通の会員

みなかみ町の豊かな流水で自然に数が保たれているカワニナ

の皆さんも出てこなければ間に合わなくなってしまって、募金を始めたり、当番を組んで作業も会員の皆さんに声をかけて行ったりするようになりました。皆さん一生懸命参加してくださるようになったので、慰労会なども楽しみながら開催するようになりました。

　ホタルの里があるところは上組区というのですが、上組では、「区の役員さんは会に入らなきゃだめだよ」というかたちになってきて、一番動ける人たちが入ってくれました。「守る会」も町全体で250人くらいいるのですが、そのうちの実働で動いてくれている方がボランティアで約130名参加してくれています。

原　草刈りなどいろいろな活動がありますよね。

高橋　草刈りしか出てこない人や、案内の時だけしか出てこない人もいますが、以前は30人くらいで行っていた草刈りも、現在は60人くらいに増えました。

原　やはりコミュニケーションなんでしょうね。

高橋　そうですね。楽しい、価値のあるものだと思ってくださる方が増えたように思います。「ああ、よかったよ」というお声を聞くと、こちらもまた元気が出てやれるという実感も強いです。

ホタルを通じて文化の継承を

原　活動の中心はどういった方ですか。

高橋　今、活動されている方は、昔ホタルが当たり前に自然にいた時代を知っている方です。親子鑑賞会なども行っていますが、親も初めて見たという世代もいます。群馬県もホタル観賞をやるところが多く、榛名の湧水の箱島湧水は有名です。前橋の田口や桐生など、観賞地が増えてきているにもかかわらず、みなかみ町にこれだけの人が来てくれているということは、それなりにここが毎年来る価値があるものかなという手応えは感じています。

原　ホタルの灯は、人の心を動かすものです。大事なことは、目に見えない効果です。人がいて、地域があり、その風景の中をホタルが飛ぶ。まさに文化を有するものであって、そういう風景として捉えていくと、金銭ではない、人々が共感するかけがえのない価値という認識が生まれてきます。ホタルのもたらす経済効果に限って定量化しようということになると、つまらない話になってくるのですね。

　これからもホタルを通じて、「文化」を継承し続けてくださることを期待しています。本日は、ありがとうございました。

みなかみ町自然環境及び生物多様性を守り育てるため昆虫等の保護を推進する条例

（目的）

第1条　この条例は、みなかみ町に残された広大な自然環境により、豊かな生物多様性がこの地域に保全されていることの重要性にかんがみ、みなかみ町環境基本条例（平成17年みなかみ町条例第116号）の本旨にのっとり、地域住民及び団体等とともに、かけがえのない貴重な財産である自然環境並びに生物多様性を守り育てるため、昆虫等の保護を推進することを目的とする。

（定義）

第2条　この条例において「昆虫等」とは、町内に生息又は生育する野生動植物（農林水産業若しくは生活環境、及び生態系等に被害を及ぼし、又は及ぼすおそれのあるものを除く。）とする。

（保護活動）

第3条　町長は、地域住民及び団体等との協働により、昆虫等を保護する活動を効果的に推進するよう努めなければならない。

2　町長は、地域住民及び団体等の意見を尊重し、必要に応じ、当該意見を町の施策に反映させるよう努めるものとする。

（地域の指定）

第4条　町長は、昆虫等を保護するために、昆虫等の採取を制限する地域（以下「指定地域」という）を指定することができる。ただし、他の法令等が優先する地域等はそれによるものとする。

2　指定地域は、地域住民や団体等において昆虫等の保護活動等が行われている地域とする。

3　町長は、地域を指定したときは、その地域を告示しなければならない。

4　町長は、第1項の規定による指定地域を変更し、又は解除することができる。

5　第3項の規定は、前項の規定により指定地域を変更し、又は解除する場合についても準用する。

（管理者の指定）

第5条　町長は、前条の規定により地域を指定するときは、指定地域において保護活動する地域住民及び団体等の中から管理の主体となる者（以下「管理者」という）を指定するものとする。

2　町長は、管理者を指定したときは、その名称等を告示しなければならない。

3　町長は、第1項の規定による管理者の指定を変更し、又は解除することができる。

4　第2項の規定は、前項の規定により管理者の指定を変更し、又は解除する場合についても準用する。

（採取の制限）

第6条　何人も指定地域において昆虫等の採取をしてはならない。ただし町長が次の各号のいずれかに該当すると認めた場合はこの限りでない。

(1)　学術又は文化等のため必要とするとき。

(2)　学校等の施設及び研究機関が教育及び研究のため必要とするとき。

(3)　種の保護と増殖の目的のため必要とするとき。

(4)　管理者が行う保護又は環境学習等の活動において必要とするとき。

(5) その他町長が特に必要と認めたとき。

（公表）

第7条　前条の規定に違反して、昆虫等の採取を行った者は、その者の氏名等を公表することができる。

附　則

この条例は、平成23年4月1日から施行する。

首都圏の水源「赤谷の森」を守る

岡山泰史（編集者／JFEJ理事）

三国山脈南西部に広がる「赤谷の森」。ここは動植物の息吹にあふれ、秘湯も残された聖域だ。

同時に、利根川水系のひとつであり、首都圏2700万人の水源でもある。

一時はスキー場やダム開発の計画もあったが、時代の波に抗って残された豊かな水系を抱えている。

その歴史と、それを支えた人びとを取材した。

新潟と群馬の県境にある谷川岳（1977m）、平標山（1984m）、三国山（1636

赤谷湖から三国山、赤谷川流域の山々を望む。右奥の建物は猿ヶ京温泉。この上をイヌワシやクマタカが舞うこともある（松田大介＝写真）

m）、そして稲包山（いなつつみ）（1598m）。三国山脈の南西部に位置するこれらの山々から群馬県側にある赤谷湖へ至るおよそ1万ヘクタールのエリアは、利根川の水源のひとつであり、その恩恵を受けている首都圏2700万人にとっては、まさに貴重な水瓶といえる。

「赤谷の森」と呼ばれるこの流域は国有林で、ブナやミズナラが育ち、ツキノワグマやカモシカ、ニホンザルが徘徊する豊かな自然が残されている。また、秘湯として名高い法師（ほうし）温泉、若山牧水も泊まった湯宿（ゆじゅく）温泉のほか、川古（かわふる）温泉、猿ケ京温泉といった名湯が、登山客の疲れを癒してくれる地域でもある。

みなかみ町新治（にいはる）地区（旧新治村）は、三国街道沿いに古くから栄え、大名行列や越後の米俵が人馬とともに行き交っていた。

かつては薪炭林や木材供給源として利用されていた赤谷の森は、林業の衰退、経済環境の変化とともに、開発の波に飲み込まれる可能性もあった。しかし数多くの人びとの協力によってこの危機を乗り越え、自然の恵みを丸ごと守ることを目的とする「赤谷プロジェクト」が2003年に正式に発足し、2011年には赤谷の森管理経営計画が発表され、地元住民と林野庁、自然保護団体が一体となった保全の道が示された。しかし、ここに至るまでには、およそ20年の歳月が必要だった。

スキー場建設計画

事の発端は、大手ディベロッパーによるスキー場開発計画が持ち上がったことだった。バブル経済が真っ只中だった1988年、「三国高原猿ヶ京スキー場（仮称）計画」が立ち上がった。村議会でもスキー場開発が事前に決定されており、雇用の受け皿として、また経済効果も期待されてのことだったという。

しかしこの計画地は上信越国立公園内であり、村の給水人口の25％をまかなう水源涵養保安林でもあった。

危機を感じた村の有志による「新治村の自然を守る会」（以下、守る会）が発足したのが1990年。法師温泉長寿館のご主人、岡村興太郎さんが会長に選ばれ、湯宿温泉金田屋のご主人、岡田洋一さんが事務局長を務めた。

「直接の反対理由は水源地を守ること、温泉の源泉を守ることでしたが、地域づくりを考慮しない開発手法に対しても不信感を抱いていました」と岡田さんはいう。

「守る会」は村にスキー場開発計画の白紙撤回の要望書を提出し、事業主である国土計画（当時）にも申し入れようとしたが、門前払い扱いだった。

困り果てたあげく、「守る会」のメンバーは、日本自然保護協会に駆け込み窮状を訴えた。

当時、協会の保護部長だった横山隆一さんは、こう振り返る。

「学生時代のホームグラウンドだった谷川山系で、しかも、たびたびお世話になっていた法師温泉がらみの話。事情も想像できましたし、すぐに動き始めました」

イヌワシの発見！

翌年の正月。良く晴れた青空のなか、新聞社のヘリコプターに乗って最初の視察が行なわれた。

「このときイヌワシを発見できたのは運が良かった。これが開発を止める武器になると直感しました」

横山さんが、開発中止を申し入れるまでの筋書きを見いだした瞬間だった。

イヌワシは翼を広げると2ｍにも達する大型の猛禽類だ。日本にわずか数百個体しかいない希少種で、国の天然記念物に指定されている。そのうちの1ペアが赤谷の森で生息していることは、それだけこの森が豊かで健康であることを示すなによりの証左でもあった。

現在、赤谷プロジェクトの猛禽類ワーキンググループを取りまとめている山﨑亨さんはいう。

「イヌワシは生態系の食物連鎖の上位に君臨しています。ヘビやノウサギなどを食物にしているので、彼らの存在は、そのヘビやノウサギが安定して生息できるだけの環境に支えられています。また同時に、そのヘビの食物となる小動物、ノウサギの食物となる草木があることを示してもいます。小動物や草木が豊富に育つには、水や栄養なども含めた豊かな環境が必要。つまり生態系全体の豊かさ、健全さが保たれていないと生きていけないイヌワシがいるということは、それだけ赤谷の森が貴重であることを示しています。イヌワシは赤谷の森の、まさにシンボルなのです」

小出俣と呼ばれるエリアに立つカツラの大木は、幹周りが2mを超える。少し甘い香りを漂わせながら、この土地の歴史を見守ってきた（岡山泰史＝写真、以下記載のないものはすべて岡山撮影）

日本自然保護協会と地元有志の協力態勢

イヌワシの存在を知った「守る会」は、村独自の調査団を結成することにした。イヌワシとその生息域である自分たちの水源を守ることが主な目的だった。

素人同然だった「守る会」の人びとは、日本自然保護協会の協力も得ながら、手探り状態で調査を始めた。活動の黎明期から関わっている松井睦子さんは言う。

「イヌワシの繁殖期は1月から4月。寒い森のなかで、仲間と連絡を取り合いながら観察を続けるのは、最初は慣れずに大変でした。でも、温泉や人の温かさ、山の恵みに励まされながら観察を続けていると、だんだんとイヌワシの生き様と森との深い関係が見えてきたのです」

本格調査がスタートした1993年には、同じく絶滅危惧種でイヌワシより一回り小さいクマタカも確認され、森の豊かさがさらに浮き彫りになった。

ダム開発計画

その後、「守る会」はシンポジウムを開催し、関係者と連絡を取るなど活動を進めたが、別の難問もあった。渇水期の首都圏への水供給を目的とした「川古ダム計画」が建設省（当

湯宿温泉金田屋のご主人、岡田洋一さん。「赤谷の森を守ることで、自然の恵みをお客様に届けることができます」

上／法師温泉の次代を担う岡村建さん（左）と、日本自然保護協会の出島誠一さん（右）。日ごろからの信頼関係が、赤谷プロジェクト成功の秘訣だろう
下／猿ヶ京温泉・料理旅館の女将、樋口桂子さんは、子どもが学校でもらった「赤谷ノート」を読んで、赤谷の森の豊かさに気づかされたという

時）により立案されていたのだ。赤谷川の源流部、川古温泉の上流にダムを築くという。「守る会」が仔細に行なった観察記録は、イヌワシとクマタカが巣を作り、狩りをする場所が、スキー場とダムの開発予定地と重なることを示していた。

「赤谷の森はイヌワシとクマタカの両種がいます。もともと高緯度の草原域に分布しているイヌワシと、熱帯雨林にも分布しているクマタカが共存しているのが、生物多様性に富む赤谷の森の特徴なのです」と山﨑さん。

すでに膨大な調査費が投入されていた川古ダム計画は、環境アセスメントや地質調査などの最中だったが、２０００年、その後の水需要予測の変化などもあり中止となった。

スキー場開発計画の中止

当初、リゾート開発に前向きだった村の人びとも、「守る会」の調査報告などを受けて見直しも仕方ないと考えるよう変化していった。

日本自然保護協会からも林野庁へ意見書が提出され、「守る会」と共同でイヌワシ・クマタカの生息状況を報告書としてまとめた。

スキー場計画が中止となったのは、計画立案から12年後の２０００年1月。大手金融機関が次々と破綻に追い込まれたバブル崩壊から数年後のことだった。開発主体であった大手ディベロッパーが解散したのは、さらにその6年後だった。

林野行政の転換

「赤谷の森」は国有林であり、その管理は林野庁が担当している。林野庁はこれまで、国の機関として唯一、利益をあげて国の税収に貢献することを課せられた省庁だった。国の資産である国有林の管理・経営とともに、林産物の生産と販売を事業としている。

1950年代後半、戦後復興などのため木材需要が急増すると、天然林の伐採跡地や原野にスギ、ヒノキ、カラマツといった生長が早い針葉樹を積極的に植林する、いわゆる「拡大造林」が進んだ。同時に薪炭林として利用されてきた林も、その需要が急減するとともに、より売れるスギ、ヒノキなどに置き換えられるようになった。赤谷の森でも75年頃までには、現在の人工林面積とほぼ同じ約3000ヘクタールに達した。

しかし、高度経済成長期、木材需要が増えて外材の輸入が始まると、木材単価の低下などにより国内の林業経営が成り立ちがたくなり、同時に国内の木材自給率が低下するようになった。

その後のバブル期には大規模開発を容易にする「リゾート法（総合保養地域整備法）」が策定される。猿ヶ京スキー場の計画もこの法律に則ってのものだった。

90年代初頭にバブルが崩壊すると、スキー場開発なども頭打ちになり、翻って、開発による自然保護問題がメディアなどにも取り上げられるようになっていった。

林野庁においては、事業としてではなく、公益的機能を重視する政策転換が行なわれ、国有林の約8割がその対象となった。さらに林野を収益目的の「事業会計」ではなく、公的財産と見なす「一般会計」へと変える方針が2009年に示され、法案も12年に可決された。

赤谷の森が開発や事業の対象と見なされなくなったのは、このような時代背景があった。

上／スギを広域に伐採した後、どのような過程を経て植生が回復するかを長期間で追跡調査している
中／カラマツ林の伐採後には、豊かな植生が戻ってきていた
下／茂倉沢では、治山ダムの中央部撤去が行なわれた。自然な流れが戻るとともに、動物や植物の回復が期待されている

赤谷プロジェクトの活動

赤谷プロジェクトの大きな特徴は、国有林「赤谷の森」という広大なエリアを、地域住民で組織する「赤谷プロジェクト地域協議会」、行政担当の林野庁関東森林管理局、そして公益財団法人で日本の自然保護団体の草分けでもある日本自然保護協会の３つの中核団体が協働していることだ。その主目的は、生

赤谷の森を歩くと、ツキノワグマの爪痕（上）やウサギの糞（右下）など、さまざまな生き物の息吹が感じられる。左下はコウモリが使う超音波の測定機器

ツリフネソウ（左上）やタマゴダケ（右下）など、珍しい草花や木々があちこちに見られる

物多様性の復元と持続的な地域づくりを進める取り組みだ。

事業計画をみると、その活動の幅の広さに驚かされる。例を挙げると、

渓流環境の復元
治山ダムの撤去とその後の生き物調査
スギなど人工林の自然林への復元
小中学生向けの環境教育
旧三国峠でのエコツアー

地元、林野庁、NGOの三者が、それぞれに得意な分野で貢献しながら、ひとつの目標に向かう。かつての対立の時代から協働・共創の時代への変化を、象徴してもいるだろう。

赤谷プロジェクトの担当窓口のみなかみ町役場環境課（当時）の小池俊弘さんは、時代の変化を感じるという。

「3町村が合併してみなかみ町が誕生したのを機に、2005年、『水と森林の防人宣言』をしました。脱ダム時代、スキー場経営も厳しいなかで、自然の恵みに感謝し、山と森、川を守り続け、活かす方向を模索しています」

50年、100年の思想

法師温泉の開湯は、実に1200年前とされる。大きな浴槽の底に敷き詰められた玉石の間からは、昔から変わらぬ豊かな湯が渾々と湧いてきている。一軒宿の長寿館の次代を担う岡村建さんを訪ねた。

「法師温泉の湯は、赤谷の森に降った雨が地面にしみ込んで、地下で温められて約50年かけて自然と湧き出しているものです。そのいい湯といい水を、お客様と後代に残してあげたい。自然とその恵みを残してあげたいのです」

「長寿館は創業明治8年。父から子へ、孫へという思想は当たり前のものなのです」

経営者として、子を持つ一人の親として、見据えている時間感覚の長さが、言葉の端々に感じられるのだった。

「自然の恵み」は誰のもの?

「守る会」の発起人で事務局長を務めた岡田洋一さんが切り盛りする湯宿温泉金田屋は、創業明治元年。若山牧水も投宿したという。

「牧水は川魚の甘味噌焼きを旨い旨いと2皿分食べたそうです。この宿のもう一つの名物は野菜料理。50種類もの地元産の野菜が食べられる料理をお出ししていて、お客様には免疫力が上がると大変に喜ばれています」

顧客の４割は地元群馬から、３割は埼玉、２割は東京というから、ここでも利根川水系の住人が、赤谷の森の恩恵を受けているわけだ。

「生態系サービス」という考え方がある。気候の安定からレジャーの場の提供まで、さまざまな自然からの恵みを人びとは受けているとする説だ。

利根川水域のひとつ、赤谷の森からの「恵み」に多くの人びとが気づき、その存在に感謝できるとしたら、自然の豊かさとそれがもたらす幸福が末永く続くことは、そう難しいことではないのかもしれない。

（『山と渓谷』２０１3年3月号所収）

利根川の生態サービスと人の営み、文化——佐原町などの視察から

金　哲洙（農業ジャーナリスト／ＪＦＥＪ理事）

利根川は、群馬県の大水上山を水源地として茨城県・栃木県・埼玉県・東京都・千葉県をまたがって太平洋に流れ込む。全長３２２㎞。その流域内には日本の人口の１割に当たる約１２００万人が生活する。利根川の生態系サービスと人の営み、その実態はどうなのか。日本環境ジャーナリストの会（ＪＦＥＪ）は２０１２年12月、地球環境基金による「生態系サービスの報道手法と課題」の助成事業として、記者ら11人で作る利根川下流域の視察団を構成し、千葉県域を取材した。自然を巧みに利用した持続可能な営み、そこから生まれる文化を大切にする町民生活を通して、環境負荷を減らす方向性が見えてきたような気がする。その主な事例をご紹介する。

官民連携の保全活動——佐原町

現在、「遺産化」がひとつのブームになっている。「世界遺産登録」「国の指定文化財」などのお墨付きをもらうことで、そのものの保護とともに、それを観光資源として地域活

性化などにつなげるのが狙いだろう。

佐原(さわら)市は、千葉県の北東部に位置し、利根川をはさんで茨城県と接し、東京から約70㎞、成田空港から15㎞の距離に存在した都市だ。２００６年に小見川町、山田町、栗源町と合併し、香取市佐原町となった。

江戸時代の佐原は、利根川水運の発達により、年貢米の積み出し港や周辺地域の物資（米・雑穀・薪炭・酒・醤油）の集散地として栄え、醸造業などが発展した。その面影を残す町並みが小野川沿岸や香取街道に今も残っている。そのあたりは、重要伝統的建造物群保存地区と指定され、伊能忠敬旧宅（寛政５年〔１７９３〕建築・国指定史跡）など文化財が軒をつらねる。「小野川と佐原の町並を考える会」副理事長の吉田昌司さんが紹介してくれた。吉田さんは、当時86歳のご高齢にもかかわらず、その元気ぶりに驚いた。毎日のように佐原町をアピールするボランティア活動を続けることにも頭が下がる。

「小野川と佐原の町並を考える会」は、香取市を流れる一級河川であり利根川水系利根川の支流である小野川と、その川をめぐる佐原の歴史的町並みを残そうと、１９９１年に任意団体として発足し、佐原の町並み保存計画の作成や保存活動を推進した。官民一体の活動が実り、１９９６年には、関東地方で初めて国の重要伝統的建造物群保存地区に選定された。保存指定区間の長さは、５・８㎞。同会は、２００４年にＮＰＯ法人を取得した。

国の指定史跡である伊能忠敬旧宅前には、樋橋（とよはし）が架けられている。これは、江戸初期、灌漑用水を小野川東岸から西岸へ渡すために架けられた橋だそうで、元来は人を渡すために作られたものではなく、箱型の大樋の上に板を敷いて、手すりを取り付け、人も渡れるようにしたものであった。すでに300年以上使われているようだ。大樋から、小野川に水が流れ落ちるので、土地の人は「じゃあじゃあ橋」と呼んだ。昭和になるとコンクリート製に改造されたが、1992年に木造に戻して架け替えられ、1994年に手づくり郷土（ふるさと）賞「ふるさとを紹介する道」を受賞した。「樋橋の落水」は1996年、「残したい日本の音風景百選」に選ばれている。これは、環境省事業で、日常生活における様々な音の再発見等が音環境に対する意識を高め、ひいては音環境保全に向けた自主的・積極的取り組みに資するとの視点から行われているものだ。現在は観光用にのみ使われ、30分ごとに落水させて、「ジャージャー」の音を出す。落水が始まると、観光客が一斉にカメラを構える。

記者たちも「樋橋の落水」をカメラに収める

佐原の取材では、利根川との歴史の中で、生まれた文化を保存しようとした市民グループの取り組みが大きく成果を収めたことが分かった。文化とは、自然に維持されるものではなく、人の努力、奉仕によって維持することを実感した。ただ、ひとつ疑問が残るのは、膨大な財力、人力を投じて遺産化をしたところだ。遺産化はいまや世界的なブームとなっている。しかし、一方的な維持管理は、果たして持続可能だろうか。そこを冷静に見ながら、遺産化ブームを眺める必要がある。

神崎町の日本酒醸造元・寺田本家

寺田本家は、昔から米作りやお酒、味噌作りで「発酵の町」として有名な神崎町にある老舗醸造元だ。すでに３４０年以上の歴史を持ち、現在の当主で24代目を数える。寺田優代表（当時39歳）が、利根川とともに歩んできた社歴を紹介した。

創業者はもともと近江（現滋賀県）商人で、近江と江戸を行き来しながら酒を造っていた。江戸が大きく発展したことをきっかけに、１６７０年頃神崎で酒造りを始めた。それは、この地が利根川伏流水の良い水が採れ、良いお米が採れる穀倉地帯であったから。また、利根川の水運を使い、江戸に向かって高瀬舟で運びやすかったことなども、神崎で酒造りを始めた理由だった。

寺田本家の酒造りは、必ずしも順風満帆ではなかった。その時代時代に、さまざまな危機に直面し、それを乗り越えてきたという。酒造制度や流通の変革、震災、戦争、そして火落菌による腐造等々。

戦後の高度経済成長期には、効率化を求めて機械を導入し、量産を図った。しかし、食生活の欧米化とともに、日本酒離れが生じ、経営がますます厳しくなった。このままでは倒産し、長い歴史がここで途絶えてしまう。試行錯誤の末、25年前にたどり着いたのが、酒造の原点に戻ることだった。つまり、人の五感、微生物の働きを生かし、手作りにこだわる。そうして作られた銘柄が「五人娘」だった。

まず、酒の原料にこだわる。利根川の水を使い、全て無農薬の地元の米を使う。1.2ヘクタールの水田で自社栽培のための米を作る。また近所の農家や川の対岸の茨城県内など、車で20分圏内くらいの近隣の農家から米を調達する。このような取り組みを通じて、地域環境がすこしずつ改善に向かった。メダカが戻り、絶滅危惧種のモリアカガエルが帰ってきた。

寺田本家の酒造りで特徴的なことは、「雑菌大歓迎」という姿勢だ。酒造りの主役の微生物には、自然な微生物を好んで使っている。酒造りの代表的な菌は、麹菌、乳酸菌、酵母菌などだ。それらの菌を全て、寺田本家の蔵にいる菌か、あるいは田んぼにいる菌を使って酒を造る。麹菌は、田んぼから取った稲麹を使う。稲穂に黒いカビが付くが、そのカビを使って酒を造る。最近の新品種は稲麹ができにくいが、在来種は稲麹が良く発生する。乳酸菌、酵母菌は、蔵の中にある柱や壁などに住み着いた菌を使う。通常、日本酒は雑菌を嫌うが、寺田本家では正反対に雑菌大歓迎なのだ。

通常の酒蔵であれば、衛生服を装着して視察するはずの発酵の現場も、寺田本家では、まったくそんなことはない。視察者は、そのままの服装で酒蔵を回り、発酵中の米も自由に触れる。いろいろな雑菌があることで、バランスを取りながら本来の美味しい酒ができるというのが寺田本家のこだわりなのだ。寺田さんは「菌は嫌われものなので、滅菌とか殺菌とか、とんでもない悪者扱いをされるけれど、自然環境というのは菌のお陰でできているのがっています。酒は、米、水、麹菌で造られる。微生物と仲良くすることが自然環境を保ち、自分の体内環境を保つうえで非常に大事なのです」と話す。まさに、自然の多様性を生かし、その恵みを最大限に享受しているわけである。

また、脱機械化も寺田本家の大きな特徴だ。主な酒造機械を手作業用の道具に変えた。例えば、桶、櫂棒（かいぼう）。か

「雑菌大歓迎ですよ」と話す寺田さん（写真左）

っては機械が米をかき混ぜていたが、現在は、杜氏が2人1組で、「仕込み歌」を歌いながら拍子を合わせ、米の発酵具合を見ながら、早くかき混ぜたり、ゆっくり混ぜたりする。その時々の米に似合った方法で、酒を造っている。「仕込み歌」を歌いながらの作業を実演してもらった。悠久の労働歌の美しい旋律と歌声に魅了された。菌たちもこの歌声を聞きながら、育っているのだろうか。美しい旋律に発酵が促進され、より味わい深い酒ができあがっていくのだろうと思えた。

脱機械化は、雇用を生み出す。昔のように、酒を冬に作るため、地元の若者の冬場の仕事場として、寺田本家の酒蔵は人気を集めている。若者の多くは、夏場には農業やほかの産業に携わり、冬には寺田本家に来て仕事をするのだ。

「仕込み歌」を歌いながら米をかき混ぜる作業を演じる寺田さん（写真右）

さらなる特徴は、営業マンがいないことだ。同社は、1升瓶で年間8万本の日本酒を製造、販売している。ところが、営業マンがいないという。これには驚いた。あくまでも地域に密着し、口コミなどで全て直接取引だけで商品を完売している。経済を重視する現在の経営戦略では考えられない事例として、非常に印象深かった。

寺田さんは言う。「素材の味、素材の力を引き出すのはやはりそこにある原料と、そこにある微生物に関係する」。まさに、地元に根を張り、自然の力を巧みに利用するからこそ、持続可能な事業が担保されるということではないだろうか。

香取神宮

香取神宮は、関東地方を中心に全国400社ある香取神社の総本社で、千葉県香取市の利根川下流右岸の「亀甲山（かめがせやま）」と称される丘陵上に鎮座する。茨城県鹿嶋市の鹿島神宮、茨城県神栖市の息栖（いきす）神社とともに東国三社の一社。古くから国家鎮護の神として皇室から崇敬され、江戸時代以前から「神宮」の称号をもつのは、伊勢、鹿島と香取神宮のみであった。また、朝廷からは蝦夷に対する平定神として、藤原氏からは氏神の一社として崇敬された。その神威は中世から武家の世となって以後も続き、歴代の武家政権からは、武神として崇敬された。現在も

香取神宮入口

武道分野からの信仰が篤い神社である。神職歴30年の権禰宜（ごんねぎ）を務める佐川和浩さんが香取神宮の歴史などを紹介してくれた。

神社は、もともと自然に対する恐れや感謝を表すために造られた。洪水を恐れれば水神社が創建され、雷を恐れれば雷神社が建てられる等々。利根川沿いには、洪水を恐れたために水神社が多かった。しかし、近代化が進むにつれ、若者を中心に自然の怖さを知らない人が多くなってきた。佐川さんは言う。「今の若者は拝むことを知らない」。昔は、自然の中で遊び、自然の良さを知り、自然の怖さも感じ取った。しかし、現在は、ゲームやインターネットなどに代表されるように、自然とかけ離れた仮想世界の生活が多く、自然の怖さも良さも知らない。自然に畏敬の念をもたない若者が多数を占めるのが現状だ。佐川さんは、外国のことわざ「千年に一度のことが今起きるかもしれない。その心の準備をしよう」を取り上げ、「自然の怖さを忘れている自分をもう一度取り戻すことが重要だ」と話す。人は、死なない限り何かをなせる。死ねば、何もできない。

東日本大震災・津波の経験を通して、若者の中にも自然の怖さ、自然への畏敬の念をもつ人々が増えている。地域の人々が、自然への崇敬を思い出して自然と共生するために、香取神宮をはじめとした宗教の発信地がいま、新たな役割を果たす拠点として再認識されつつある。

銚子の環境問題

銚子市は、地理学的には太平洋に突き出した銚子半島。まさに「銚子」のかたちをした地形で、利根川の最下流に位置する。東京から１００km、北は利根川を隔て茨城県の神栖市に対し、東から南は太平洋に臨む。沖を流れる暖流・寒流の影響を受け、夏は涼しく冬は暖かい。全国屈指の水揚げ量を誇る銚子漁港、歴史と伝統を実感できる醤油工場、さらには、これらの産業基盤から産出される豊富で新鮮な食材や特産品を備えるなど、多くの地域資源に恵まれた魅力あふれる都市である。この銚子市が抱えるさまざまな環境問題を、「銚子市民運動ネットワーク」代表の戸石四郎さんが案内してくれた。

銚子は、江戸時代から明治の初期に至るまで、利根川水運の入り口として、江戸と全国各地を結ぶ流通口として、経済文化が大きく発展した。江戸時代末期には、関東では江戸に次ぐ第二の大都市に成長した。しかし、時を経るにしたがって、負の「発展」も進んだ。

大量生産、大量消費、大量浪費を「美徳」とした戦後のバブル経済は、首都圏に大量のゴミを生み出した。銚子は、そのゴミ処理の受け場として変貌し始めた。あちこちに、産業ゴミが散在し、そこに、不法投棄や山砂採取など乱開発が重なり、環境破壊はもちろん、住民の健康にも影響がでる例が相次いだ。

これらのことを目の当たりにして、戸石さんらが立ち上がった。１９７０年から市民運動を展開し、銚子市民運動ネットワークを立ち上げ、環境保全を訴えた。5年ごとに「銚子の水辺環境、現状と課題」という調査報告書をまとめ、水辺環境の保全を中心にした環境保全を提言した。

例えば「銚子の水辺と生物多様性をめぐって」というテーマのもとに、ホタル、メダカ、トンボを例にとって多様性の問題を地域に則して調べ、そこから地域問題を探り、提言し、地域の環境改善、生物多様性の回復につなげる呼びかけをしている。

取材当日、戸石さんは、ゴミ処理の現状の他にも、現在銚子市が抱えるさまざまな環境問題の現場を案内してくれた。

風力発電の風車は、農地のまっただ中に無計画に建てられ、街の景観を毀すだけでなく、その振動が畑作にも影響を及ぼしていた。また、伝統的な水田地帯の上に養豚場ができ、そこから排出される汚水によって、周辺の水田が使えなくなっている現状や、バブルがはじけて廃墟となったままの海岸沿いのリゾート開発予定地など、深刻な課題が山積みになっているのが分かった。

最下流の銚子市では、利根川の全流域の生態系サービスの「負」の部分が凝縮されて現れているような印象を持った。戸石さんは「市民とともに環境破壊を防ぎ、次世代にきれいな環境を渡したい」と話す。

市民の闘いは、これからも続く。

生物多様性・社会変容・ジャーナリズム

水口　哲（ジャーナリスト／JFEJ会長）

「生態系サービス」は、生物多様性の便益を人間側から見た言葉である。IPCC（気候変動に関する政府間パネル）の第5次評価報告書は、気候変動対策として生態系サービスの役割を評価し、多くの誌面を割く。

気候変動の進展に伴い、今後も増える熱波、水害を生態系サービスは緩和する。さらに、インフラやカーボン・マイナスの主役になると。インフラとは、屋上や壁面の緑化、そして大型木造建築を指す。カーボン・マイナスの方は、バイオマスを燃料とする熱電供給施設にCCS（炭素隔離・貯蔵装置）を併設したタイプが、エネルギーシステムの主流になることである。

2014年10月に、一連の報告書の締めくくりとなる統合版が出される。生態系サービスのこうした役割が、どこまでハッキリ打ち出されるだろうか。打ち出し方が弱いようなら、一連の記述を引っぱり出し、磨いて、明快に提示する〝義務〟が、ジャーナリストにはある。もし、将来世代に責任を感じるならば。（2014年2月執筆）

熱波・水害・アレルギー症への有効策

ＩＰＣＣは6～7年に1度の割合で、新しい報告書を出す。報告書は３つの作業部会ごとに出され、最後に３部作をまとめた統合版が出る。そのうち気候変動の影響と適応をまとめるのが第2作業部会である。14年3月に、初めて日本で総会が開かれた。

同部会の報告書は全部で４０００頁程ある。今後さらに深刻化が予測される熱波・水害・アレルギー症への対策として、生態系サービスの導入を紹介している。すでに大都市の多くは、ここ１００年間で平均気温が2～３度上昇している。地球温暖化とヒートアイランド現象が重なるからだ。

03年には、熱波で約５万人のヨーロッパ人が死んだ。北欧ですら、夏の気温が30度を超えるようになった。豪雨も頻発している。12年には、ニューヨーク市が、サンディ台風で水浸しになった。コペンハーゲン（デンマーク）は、10、11年と連続で夏の豪雨

日本で初めて開かれたIPCC総会。横浜（2014年３月）（水口哲＝写真、以降記載のない写真はすべて水口撮影）

に見舞われ、被害額は「60億デンマーククローネ（約1100億円）」（リッケ・レオナルドソン・コペンハーゲン市役所環境部長）。

熱波にはエアコンの増設、水害防止には排水溝の拡張や堤防の嵩上げというのは、収入、電力、税収が潤沢で、しかも政府だけで政策を決められた時代の対策である。これらの条件が消えた現代に、費用対効果の高い方法として、生態系サービスの導入が選択肢になりつつある。

生態系サービスは〝涼・吸・快・安〟

真夏の都心は、郊外より気温が3～10度高い。しかし、「樹冠面積が10％増えると、周囲の気温が3～4度下がる」（英マンチェスター市の調査）。樹冠とは、樹木の上部で、葉に覆われた部分をいう。樹木には、〝涼〟の効果がある。

豪雨対策として、「中央集中型の下水処理施設の拡充策と、緑化と雨水利用を中心とした地区内処理とでは、後者が15億ドルも安い」（米ニューヨーク市の「緑のインフラ計画」）。「緑」と「青」には、〝吸〟水効果がある。しかも、従来型のハード施設よりも〝安〟い場合がある。

都市の樹木が、毎年数十万トンの大気汚染物質を除去していたことが、全米55都市の調子査で分かった。樹木には、〝吸〟毒効果がある。ニューヨーク市とコロンビア大学の「子ども調査」によると、地区内に1ヘクタール当り343本の木が増えると、ぜん息児童（4歳、5歳）の数が24～29％減ることが分かった。これも〝吸〟毒効果である。

都市に自然の空間があると、アレルギー患者が減る。原因は、ある種のバクテリアが増え、それが人間のアレルギー物質への感受性を減らし、同時に免疫力も高めるからだと、フィンランドの研究グループが発表した。これも〝吸〟毒効果といえよう。

こうした生物や生態系が持つ人間社会への効果効能を、生態系サービスと呼ぶ。しかも、生物や生態系が多様なほど、その効果は高い、だからそれを社会の中で広げましょうという国連の「生物多様性条約第10回締約国会議（COP10）」が10年、名古屋市で開催された。

EU（欧州共同体）は、この生態系サービスの効果を数字や金額で表現しよう、しかも都市空間をより〝快〟適にする方法として体系化し

軒先からバルト海に漕ぎ出す親子（スウェーデン・マルメ市）。都市に自然の空間があると、熱波、水害を緩和し、アレルギー患者が減る。何よりも宅地がレジャー空間になり、資産価値が上がる

ようと、研究プロジェクトＵＲＢＥＳ（Urban Biodiversity and Ecosystem Services）を11年に立ち上げた。上記の様々な調査は、ここから生まれた。

ザルツブルグ大学などの大学、ストックホルム・レジリエントセンターなどの研究機関、それに国際自然保護連合、持続可能性をめざす自治体協議会（イクレイ＝ＩＣＬＥＩ）などのＮＧＯ（非政府組織）が参加している。ベルリン、ロッテルダム、ザルツブルグ、ストックホルム、ヘルシンキ、ニューヨークの各都市が、公開の〝実験〟地区を提供している。生物インフラの効果が金額換算された調査結果が、これから生まれる予定だ。

生物で、仕事と街をつくる

街中に樹木を植えたり、水辺をつくるのは、いいことづくめではない。他の土地利用、特に自動車道路と競合するからだ。ここ半世紀の間に、自動車交通に便利なまちにしようと、木を倒し、川や水路をコンクリートで塞ぐ工事が世界中で行われた。

木と水辺の維持には、水も必要だ。気候変動で水不足が予想されているなかで、木や水辺のために水を使えるだろうか。管理にもお金がかかる。樹木の場合は、剪定、落ち葉の処理に費用がかかる。落ち葉は排水溝を詰まらせる。道に溜まると、翌年からは雑草がアスファルトを破って芽吹く。水辺も工夫が足りないとドブ川となる。

つまり、緑化も水辺の復活も、他の都市計画との調整が必要なのだ。関係者が沢山いて、縦割りの行政のなかで調整出来るのだろうか。必要な知識、スキル、ツールはあるのだろうか。教える教育機関やコンサルはいるのだろうか。新しい市場として整備するには何が必要か。こうした問題意識から、10年に欧州で始まったのが、「青・緑・夢」プロジェクトである。

ロンドン王立大学のマクシモビッチ教授（土木工学）を中心に、ベルリン工科大学などの大学と、大中小の企業、それにベルリン、ロッテルダム、ロンドン等が自治体として参加している。また、EU（欧州連合）のイノベーション促進助成金が投入されており、産官学連携で、「青・緑」インフラを都市空間に導入する「社会実験」を行っている。

これまでに、ベルリンの旧空港跡地を都市公園と農園に再編するプロジェクトを行った。オランダでは、減災計画づくりを支援するツールとして、都市の洪水や熱波のリス

「青・緑・夢」プロジェクトのリーダー、ロンドン王立大学のマクシモビッチ教授（土木工学、写真右）と学生

地下鉄の改札を抜けると畑だった。繁華街のど真ん中にあるベルリンの都市農園でランチをとる人々

クを3次元マップに落とし、それを見ながら住民と行政が問題点と目標を発見するシステムを開発した。地区ごとにワークショップも行われている。こうした事業をもとに、大学は教育内容を改善し、企業は商品化を進め、自治体は分野横断で統合的な都市計画のノウハウをためている。

パッシブでサバイバル

生物インフラの良いところは、暑熱や水害の緩和以外に、様々な副次的効果があることだ。大気や水の質が良くなる。アレルギー症状も減るので、医療費が減る可能性がある。冷暖房費も下がる。水・緑が豊かだと、普段の生活が快適だ。家の前が癒しやレジャーの空間になる。CO_2を貯める機能もある。これらは、従来の〝灰色〟インフラにはない特徴といえる。

生物インフラは、パッシブ技術でもある。ほとんどの場合、使用時に電気エネルギーを必要としないため、特に災害時に威力を発揮する。東日本大震災やニューヨークのサンディ台風の際は、機械仕掛けのエネルギーインフラが故障し、多数の死者が出た。

欧米では、エネルギーインフラが止まっても、一定期間はサバイバルできるように、建物やまちをつくりかえようという動きが生まれている。「パッシブ・サバイバビリティと

「パッシブ・サバイバビリティという観点から、建物、都市を評価し直そうと、議論を始めている」と語るジェイソン・ハーケ全米グリーンビルディング評議会の副代表

いう観点から、建物、都市を評価し直そうと、議論を始めている」（ジェイソン・ハーケ全米グリーンビルディング評議会の副代表）。

また、災害等のショックに対し「備え、減災し、復活する」能力をランク付けする「レジリエント・スター」という格付けも準備中だという。「生物インフラを生かした建物やまちは、点数が高くなるだろう。省エネ性能表示と同じように普及するはずだ」（ジェイソン・ハーケ氏）

気象災害が日常化する時代に入った。生物力とパッシブ技術で、災害に強い、資産を守るまちづくりのノウハウを貯めたところが、都市の時代の「レジリエント・スター」になるはずだ。

生態系サービスからインフラとエネルギー

ＥＵの建築指令の転換（１９８９年）以降、木造の大型建築が欧州各地で生まれた。10階建て前後のアパートやオフィス、小売店舗、教会、図書館、サッカー場などがつくられた。

それを支える材料が、CLT（大型直交合板）である。大きなものは縦2メートル、横8メートル、厚さ40センチほどもある。予めファサードや壁の形にそって工場で製造し、現場ではクレーンであっという間に組み立てる。

新築以外に、中古の集合住宅の改修にも使われ出している。CLTを住宅の外壁に貼り付け、パッシブ性能を持たせる。2012年、欧州7か国での実証実験が終わり、13年から改修が本格化する。これで、戦後百万戸単位でつくられた4階建前後の鉄筋コンクリート製の集合住宅が、〝木造〟省エネ住宅に生まれ変わる。木造は鉄筋コンクリートの建物と比べ、製造時に排出されるCO2量が一割以下だと計算されている。

森林大国の北欧諸国を先頭に、南ドイツ、オーストリア、南仏、北イタリアが、都市の〝木質化〟に取り組んでいる。

米軍撤退後の跡地をゼロ・エネルギータウンにした。木造パッシブの建物がバイオマスの地域暖房でつながる独バットエイブリング市（写真提供 B&O Wohnungswirtschaft Chemnitz 社）

CLT を住宅の外壁に貼り付け、改修でパッシブ性能を持たせた中古の集合住宅。外見は木造に見えない。フィンランド・リーヒマーキ市

エネルギーの世界では、ドイツ、オーストリア、スウェーデンで、バイオマスを原料とする熱電供給施設が、10万人単位の需要を担えるようになった。バイオマスの種類は、ペレット、畜産廃棄物、下水などであり、食料と競合するものではない。コスト的にも石油や原子力とそん色ないところまで下がってきた。

社会変容・生物多様性・ジャーナリズム

もっとも、建築・土木の世界での鉄筋コンクリ〝レジーム（体制）〟、エネルギーの化石燃料・原子力〝レジーム〟は健在であり、世界全体では依然主流である。

しかし、変化の兆しはある。ＩＰＣＣの第2作業部会の報告書は、「社会全体を大きく変える『過程』に関する研究が台頭していることも、文献から分かった。適応計画、発展戦略、社会の維持、減災やリスク・マネジメント。これらの間の相乗効果を勘案しながら、社会を大きく変えるには、どんなステップを踏むべきかという研究である」と記載する。

そのうちのひとつに、トランジション・マネジメントがある。これは、社会がある安定状態から次の安定状態に移るまでの移行期間（トランジション）をマネジメントする手法である。前述のＵＲＢＥＳ始め、ＥＵやオランダ政府の、エネルギー政策や気候変動政策の策定の際にも使われた。

トランジション・マネジメントの立脚点のひとつは、ダーウィンの「進化論」(Theory of Evolution) である。生物・生態系は、競争、協力、自己調節、相互調整、相互学習を繰り返しながら、不連続に展開変化してきた。小さな変化の積み重ねが、閾値(しきいち)を超えたとき、全く別の世界が出現する。社会は、漸進的に変化するわけではない。これがダーウィンの「展開変化論」(一般的には「進化論」と訳されている) である。複雑系科学やカオス科学の源流のひとつでもある。ここでも我々は、生物多様性の恩恵を感じる。

気候変動の適応、緩和、そして社会変容と、生物多様性は深く結びついている。それを唱道するジャーナリズムの一滴になりたいと思う。

トランジション・マネジメントの創設者たち。ダーク・ローバッハ（左）とヤン・ロットマン（右）。オランダのトランジション研究所にて

第三章　探求——生物多様性と報道手法

前章の現場ルポを踏まえて本章では、さらに生物多様性とその報道手法について考察を進める。本章ではさまざまな立場のジャーナリストたちが、自らの専門分野での経験を通じて探求してきた報道手法を論じる。

ＴＰＰに揺れる農業の観点からは、韓国と日本の事情を比較検討しながら、自由貿易がどのように生物多様性に影響を及ぼすかを分析。利根川上流域をカバーする地方紙の立場からは、水源地と下流域をつなぐ生物多様性をどう報道するかを探求する。

また、「土地と生態系がもたらすさまざまな恵み」を断ち切る大事故となった福島原発事故を受けて、日本のエネルギー政策はどのように報道されてきたか、あるいはどのように報道されなければならないのかを考察。

さらに、「条約史上もっとも分かりにくい」と言われる生物多様性条約が政府と民間との間でどのように評価され、主張されてきたのかを検証する。

現場のジャーナリストたちが共通に抱いているのは、報道されなければならないテーマが山積しているのに情報の発信が足りていないこと。そして、一つの組織の中で報道しているのでは不十分であり、住民や自治体、ＮＰＯ、個人のジャーナリスト、ネット媒体などと、あらゆる連携を取りながらさまざまな工夫をこらして報道していくことが、ますます重要になってくるということだ。

自由貿易協定に揺れる農業環境政策の報道

金　哲洙（農業ジャーナリスト／ＪＦＥＪ理事）

地球環境基金の助成を得て、２０１１年に「『生態系サービス』をどう報道するか」というテーマで、北海道標茶町の西別川流域における河畔林の復元とシマフクロウの再生について、酪農家や漁業従事者、そして市民による「虹別コロカムイの会」の活動を取材に行った。私の専門分野に沿って、自由貿易化が進んでいる中で、ひとつの地域がこれからどのように生き残れるかという観点からも取材した。

キーワードは、「絶滅危惧種のシマフクロウを守る」。酪農家、あるいは水産業の方々が、西別川流域でシマフクロウが棲めるような環境を保護しながら、本来の生業を持続可能なものにしていくということだった。ところが、実際に現場に行ってみると、「これだけ頑張っているのにもかかわらず、自由貿易化でこの地域全体が非常に厳しくなる」という悲鳴が聞こえ、水産業の方も酪農の方も、これはどうしても阻止したいという声が強かった。

今、日本ではＴＰＰ（環太平洋連携協定）、韓国では韓米ＦＴＡ（自由貿易協定）を進めている。

自由貿易ということになってくると――特に韓国はそうなのだが――効率だけを求めて海外からの輸入を増やし、国内の生産は減らしていくことになり、たとえ食糧の自給目標を高く設定していても、実質それが難しくなってくることが予想される。

輸入品が多く入ってくると、当然、国内の生産が難しくなってくる。そしてそれは、環境にも影響を及ぼす。たとえば、コメの輸入によって、棚田が使われなくなる。水があるからこそ棚田を守っていられたのが、水がひかれなくなるとネズミなどが穴を掘るようになり、棚田が崩れてしまう。それによって棚田周辺の生態系は崩れてしまう。

農業競争力を高める

貿易自由化で先行している韓国での取材で、農業に詳しい弁護士から話を聞いた。「韓国国内でも日本と同じように農業の競争力を高めている。いかにコストを下げるかということが強調されているが、日本も韓国も、今の自由貿易の中で『農業競争力』というのが、果たして今の概念でいいのか。農業の多面的機能への評価が置き去りにされているのではないか」というものだった。

COP10（生物多様性条約第10回締約国会議）で、「SATOYAMAイニシアティブ」が採択されたが、人がいて自然環境が維持されて文化が守れる、そういう農業こそが「農業競争力」といえるのではないか。アメリカのように輸出を目的とした農業は、「ロボット農業」と呼びたくなるような、生態系を軽視したやり方に思えてならない。

ＴＰＰあるいはＦＴＡが進んでいくことに対し、なぜ韓国ではこれだけ反発が強いのだろうか。韓米ＦＴＡで見てみると、たとえば自治体が地産地消を推進し、学校給食の材料に輸入品を使わずに地元の農産物や業者を優先した場合、輸入品を扱っている外資企業が、その自治体を訴えることができることになっている。つまり、自治体が環境保護の政策をつくっても、それに対して外資企業が、仲裁機構に訴えることができるということになってくる。そうなれば、国内政策が無効になることがありうる。だから、韓国はそのことを非常に危惧し、反対運動が続いていたのだ。

韓米ＦＴＡは、国会における批准同意案が提出されたあと、野党が「ＩＳＤ（投資家対国家間の紛争解決条項：Investor-State Dispute Settlement）を廃止しない限りは、自分たちは政権交代を果たしてこれを全部廃止する」と発効中止を訴えたが、与野党の激しい攻防の末、２０１１年11月に可決され、２０１２年3月15日に発効された。

これまで人間社会の発展というものは、経済だけを、あるいは効率だけを優先してきたが、これからは、特に農業の場合はなおのこと、多面的機能を重視した持続可能な事業を進めていくべきである。そのために、今のＴＰＰや韓米ＦＴＡなどは、改めて見直す必要があるのではないだろうか。

日本でも「ＴＰＰを慎重に考える会」など、いろいろな方々が見直しを求めて頑張っているようだが、ここにきて、経済がグローバル化している中で、環境法や農業政策も含めた国際連帯の動きも出てきている。与党民主党（当時）の議員が韓国を視察して、両国の議員同士が韓国では韓米ＦＴＡ、日本ではＴＰＰにどのように向かうかということで共同記者会見も開かれた。

生態系サービスの情報発信を

生態系サービスと韓米ＦＴＡとの関連で、もうひとつ申し上げたい。韓米ＦＴＡは、最初は野党が反対しているだけで、実際の世論はあまり取り上げていなかった。しかし、環境の観点からも、ＩＳＤ条項の観点からも含めて、国民の世論が変わってきた。どのように変わってきたのか。端的に言うと、韓米ＦＴＡは一部財閥のための政策であり、実際には普通の庶民のものではないということだ。つまり、「１％（財閥）のためになぜわれわれ99％（の庶民）がそれを犠牲にしなければいけないのか」ということに、人びとがようやく気づきはじめたと言える。自由貿易が進んでいくと、環境の保全や生態系サービスの点からは、非常に厳しい局面を迎えるのではないか。

われわれ報道機関は、これからもこういった問題をどんどん発信していきたい。韓国で２０１２年４月11日に行われた総選挙では、「党が完全に生まれ変わる」と宣言して党名をハンナラ党からセリヌ党に変えた与党が「予想外の大勝」をおさめたが、世論が変わりつつあるということをひとつの経験として、ジャーナリズムは生態系サービスに関しての情報をどんどん発信して、人間と環境と文化を守っていく、そういう地域政策に結びつくような行動を喚起していくべきではないかと思っている。

水源地と都会をつなぐ報道

小林　聡（上毛新聞文化生活部部長）

２００９年から２０１２年まで3年間、群馬県で最も北にある沼田支局に勤務した。沼田支局が受け持つ地域は限定されているが、その中で見てきた「生態系サービス」について報告したいと思う。

沼田支局が担当していたのは、沼田市、みなかみ町、昭和村だ。地方紙であるため、基本的には担当地域の環境、政治、行政など全てが取材対象となる。一人の記者が特定のテーマを持って、専門的に追い続けることはなかなかできない。むしろ、自分の担当地域の中で起きた出来事であれば、何でも取材して伝えることが日々の仕事であり、それが地方紙の役割だと思っている。

草原の再生が地域も救う

こうした中、みなかみ町北部の藤原地区で「森林塾青水（せいすい）」という団体がかつての入会地（いりあいち）（茅の草原）の再生に取り組んでいることを知った。地域のちょっと変わった取り組みのようだと興味を持った。なぜそんなことをしているのか、何のためにやっているのかということも分からないまま、取材に入った。

何度か現地を訪れた。そのひとつが２０１０年、森林塾青水の発足10周年を記念してみなかみ町で開かれたフォーラムだ。フォーラムでは、草原の再生などが生物多様性の保全に役立つこと、さらにはそれが地域を経済的に潤すことにつながるという意見を聞き、それまでの取り組みの意味を理解できたような気がした。

藤原地区は、かつては「入会地」であり、地域住民が森林や草原を共同で管理する土地であったが、木材や茅の需要が減り、長い間放置されてきた。そこに、再び人間の手が入り、茅を刈り、木を切ることによって、草原の再生を図ろうとしている。刈り取った茅は、茅葺屋根に使用してもらうため販売する。刈り取りやそこに至るまでの作業全体がひとつのイベントとなっている。イベントだから町外からそれなりの人数の人がやって来て、地元の民宿などに泊まる。それほど大きな金額ではないが、地域の経済の活性化につながっている。さらに人間の手で草原を管理することで、生物多様性が保たれる。「この地域にとってプラスの効果をもたらす活動だ」ということが理解できた。

ところが、そこまでの内容を記事として伝えることは難しかった。表面的な事象を伝えるだけにとどまり、イベントの背景や意味を伝えられなかったと痛感している。

森林塾青水の活動は、当初と比べると変わってきて、具体的に地域に役立つ取り組みが増えているように思う。上毛新聞の紙面でも取り上げたが、刈り取った茅を地元の神社の歌舞伎舞台の屋根の修復に使用したり、東日本大震災の被災地で仮設住宅の断熱材に利用したり、被災地で農地の雑草を防ぎ水分を保持するマルチ材に使用したりと、茅の用途に広がりが出てきている。茅の用途が広がれば、草原などの価値も見直され、活動の意味がより広く伝わっていくのではないかと思っている。それでも、みなかみ町の町民全てが「生態系サービスや生物多様性の保全をなぜやるのか」ということを理解してはいないように見える。「その取り組みの結果、何か良いことがあるのか?」というのが大方の反応。活動の意味はまだまだ地元で浸透しているとは言えない状況だ。

報道が果たす役割

こうした現状は、何も地元住民の方々だけではなく、私が勤務している上毛新聞社編集局でも似たようなものだ。２０１１年12月22日付で「２０１２年10月に『草原サミット』をみなかみ町で開催予定」という記事を書いた。その時、社会面デスクの反応は、「初めて聞くよ。こんな珍しいものやるなら大きく扱おうか」というものだった。サミットの意味や意義を評価したのではなく、ただ単に珍しく、面白そうだからという認識で、扱いが多少大きくなった。扱いが大きいことは結構なことだが、その意味や意義、背景を広く知らせるべきだと私は思う。上毛新聞は群馬県でしか発行していないので、周知活動に限界はある。せめて県内の方々には、こうした活動の意義を伝えられるよう取材し、記事を書こうと思っている。

生物多様性保全についていえば、同じみなかみ町で「赤谷プロジェクト」という活動が2005年から行われている。林野庁と日本自然保護協会、地元住民でつくる「地域共有会」の三者が共同で、赤谷地区の国有林で生物多様性の保全活動を展開している。このプロジェクトも何度か取材した。しかし、取材に行って、そこで会う顔ぶれはあまり変わらない。「活動が広がっていないな」と感じた。

赤谷プロジェクトの一区切りとして、2011年は国有林の管理経営計画を策定する年だった。プロジェクトで試みた先進的な取り組みを踏まえた計画書が作られたので、そのタイミングで記事を書いた。記事を書きながらも実感したのだが、やはりプロジェクトの存在やその意義が一般の人に知られていない。このようなプロジェクトの意義自体を広く知ってもらうためには、報道する側が意識的に関わっていくことが必要だと思う。先進的な取り組みを追うだけではなく、その活動の意義をより広く、分かりやすく伝えていく努力が、報道側にもっと必要なのだと強く感じた。

条例を制定したみなかみ町

みなかみ町は、2011年春に「みなかみ町自然環境及び生物多様性を守り育てるため昆虫等の保護を推進する条例」という長い名前の条例を制定した。ある特定の地域を指定して、指定地域にある植物や昆虫の採取を制限する内容だ。特別な罰則規程はないのだが、「森林塾青水」が活動している藤原地域やその周辺も条例の指定地域にあたるので、その活動を後押しするものにはなるはずだ。

また、何も知らない観光客がその地域に入ったとき、花がきれいだからといって採ってしまったり、昆虫を捕まえてしまったりしそうになった際「こういう条例があるのでやめてください」と言える根拠にもなる。こうした考え方のもとで、みなかみ町が同条例を制定した。

条例の制定は、「森林塾青水」が続けてきた生物多様性を保全しつつ生活を豊かにする活動を、行政側が評価したことの表れではないか。こうした活動を支援することで、地域活性化につなげていきたいという思いを形にしたものだろうと思う。そういう意味でも、私はこの条例制定と今後のみなかみ町の生物多様性の保全、ひいては生態系サービスの行方に注目している。

エネルギー政策の転機に何を報道するか

竹内敬二（朝日新聞編集委員）

「生態系サービス」という言葉は、「土地と生態系がもたらすさまざまな恵み」と言いかえることもできる。その意味で考えれば、土地と生活を放棄する、２０１１年3月に発生した福島原発事故による災禍が、いかに大きいかがわかる。

福島事故は、戦後日本の原発依存政策に抜本的な変更を迫っている。福島事故以降のエネルギー政策議論の変遷をたどりながら、何が課題なのか、その中でジャーナリストは何を報道すべきなのかを考えたい。

福島では、広大な土地が放射能で汚染され、人間が住めない状況が生まれた。動植物をはじめとする自然の生態系は、見えない放射能の中でも外見的には何事もなかったように生き続け、存在を続けるだろうが、その営みから人間だけが疎外されるという異様な状況が生まれたのである。

人類はこれまで「生態系サービス」につつまれ、それが与えてくれる恵みで生きてきた。

一方で近年、生態系サービスが劣化しないように、いつまでも続くように環境を保全する活動にも目覚めてきた。それが、環境と人間活動の相互依存が調和する「持続可能性」ということだろう。福島事故は、その自然のシステムの中に元々はなかった高濃度の放射能をまき散らすことによって、人間を含めた自然系を擾乱し、自然と人間とのあるべき関係、持続可能な関係をも断ち切ってしまった。

放射能の半減期は長く、人の暮らしを軽くつぶしてしまう。人間の文明を支えるのに欠かせないエネルギーではあるが、エネルギーとエネルギー政策の取り扱いを誤ると、環境破壊、生態系の破壊、ひいては人の生活の破壊に直結する大変なことが起きることが分かったといえる。

エネルギー政策全般で考えれば、福島事故が突きつけた課題は3点に集約できるだろう。①「原発を減らす」②「再生可能（自然）エネルギーを大きく増やす」③「電力制度を自由化の方向に変える」。当時の民主党政権は、この3点については、「それなりにまじめに議論した」といえる。原発から順にみていきたい。

軸なき変遷、原発・エネルギー政策

２０１２年、民主党は原発に関する「国民的大議論」を組織し、世論調査も考慮して新しい原子力政策をつくった。12年9月にまとまった「革新的エネルギー・環境戦略」だ。ここでは「原発に依存しない社会を1日も早く実現する」を掲げ、「２０３０年代に原発ゼロをめざす」を打ち出した。戦後日本は一貫して原発依存を続けてきた。それが、民主党政権だったとはいえ、一気に「脱原発をめざす」を主張したのである。

福島事故前の２０１０年に改定されたエネルギー基本計画では「54基の原発をさらに増やす。20年までに9基増設、30年までに14基増設」となっていた。両者を比較すれば、まさに１８０度の歴史的転換だったことがわかる。

しかし、この戦略の寿命は3か月でしかなかった。12年12月の選挙で民主が大敗、自民が大勝し、自民政権はこの民主党の戦略を全否定したのである。

そして、２０１４年4月に改定されたエネルギー基本計画では、原子力を「重要なベースロード電源」という位置づけで復権させ、事故前とあまり変わらない原子力政策に戻してしまった。再度の１８０度の転換といえる。

ただ、エネルギー基本計画でも原子力の比率は下げていくとし、自然エネルギーに期待している。この政策も変わりつつある。

自然エネルギーがつくる電気を固定価格で買い取る制度（FIT法）が12年7月に始まった。FITは欧州ですでに広く普及している典型的な自然エネルギー増加策だ。

日本でこの制度の恩恵を一身に受けたのは太陽光発電だ。13年だけで、それまでの累積導入量とほぼ同じ690万キロワットも導入され、累積導入も約1360万キロワット（2013年末）、15年夏には約2700万キロワット（世界3位）に躍進した。

ところが、世界で自然エネルギーの主流になっている風力発電は全く伸びず、13年の導入量はたった4・7万キロワット。累積でも279万キロワット（14年末）で世界の19位になった。04年の8位からずるずると後退している。

世界では風力の導入量と太陽光発電の導入量が2・3：1なのに、日本では逆に太陽光が大きく、10倍近い。せっかくのFITも効率的には機能せず、アンバランスな自然エネルギー導入を招くに至っている。

風力の発電コストは安いのに増えないのは、「送電線につなげない（受け入れ枠が小さい）」「農地の転用が難しい」「環境アセスメントに3年以上かかる」という日本独特の制度上の問題、過剰な規制を指摘できる。

アンバランスとFIT法の賦課金による電力料金の高騰を理由にした「FITをなくせ」

という攻撃も強まっている。太陽光発電以外はまだまったく増えていないのに、つぶす動きだ。FITへの攻撃、原発再稼働の推進がセットになっている。

電力自由化についても、民主党政権時にかなり積極的な方針が決まった。これを引き継いだ方針が、13年4月に決まった「電力システムに関する改革方針」である。3段階に分けて進められる。

(1) 第1段階は送電線を広域に使う「広域的運営推進機関」を15年4月に設立。
(2) 第2段階は電気の小売の全面自由化。16年4月に実施。
(3) 第3段階は発送電の分離。20年に発電部門と送配電部門を法的分離し中立性を確保する。

第1、第2段階はスケジュール通りだが、「実質的にはどの程度の自由化になるのか」については不透明な部分が多く残っている。

漂流する「脱原発」の民意

小売り自由化がうまくいけば、各家庭も電力会社や電気の種類を選べるようになり、消費者の生活にも大変化が生じる。とくに消費者の選択が電力制度を変える力をもつことにもなる。メディアはもっと自由化をめぐる政策の動きを報道すべきだ。

日本では90年代後半から何度も電力自由化の動きがあったが、地域独占の特権的地位にいる電力業界の抵抗でほとんど進展しなかったという歴史をもつ。「自由化がスケジュール通りに進んでいるか」の監視もメディアの仕事だろう。

原発事故から時間が経っても世論調査では多くの人が再稼働に反対している。原発を忌避する意識は事故で強まり、時間が経過してもさほど減っていない。福島でほぼ10万人が故郷を離れ、かなり広い土地が半永久的に放棄されるという事故の実相が見えてきたのだから、当然といえば当然だ。

そして日本社会は事故以降、ほぼ原発なしで、過ごしてきた。２０１０年と２０１２年の電力消費を比べると日本全体で８％減っているが、それほどの不便は感じていない。社会が少し節電体質になったと考えればいい。

意識の面でも、節電の面でも、社会は「脱原発」に少し傾いた。しかし、この意識は、政策にはあまり反映されていない。政策は原発重視に戻り、社会の意識と国の政策は乖離している。

最近の選挙ではたいてい、メディアは「脱原発が焦点」と報道するが、本当は盛り上がっていないのではないか？　選挙における「脱原発が焦点」はあやふやで弱いのではないか？

「脱原発」を掲げた政党も生まれたはずだが、いつの間にか消えた。脱原発のＮＧＯなどもそれほど強くなった感がない……。

政策は再稼働、原発復権と元に戻りつつある。日本社会に広がった「脱原発」の意識は頼るべき政治的対象がなく漂流しているといえる。

きちんと報道してきたか

原発大事故を起こしたにもかかわらず、日本社会の議論も政策変化も中途半端な変化にとどまっている。報道で何が成功し、何が不十分だったのか。

まず思うのは、原発大事故の本当の怖さは十分には認識、共有されなかったのではないかということだ。

福島第一原発の所長だった吉田昌郎氏（故人）は、事故後、門田隆将氏の著書の中で、最悪の事態として「チェルノブイリの10倍」の汚染を心配した、という言葉を残している。同じ本で、班目春樹・原子力安全委員長（当時）は、「最悪の場合は日本が3分割された可能性がある」といっている。汚染によって住めなくなった地域と、それ以外の北海道や西日本の３つ」というものだ。ものすごい発言である。

また当時の菅直人首相も、東電に乗り込んで「所員が逃げれば、チェルノブイリの何十倍もの汚染が起きる。撤退は許さない」と叫んだ。しかし、ほとんど報道されなかった。吉田、班目両氏は外向けに話さなかったし、菅首相の演説は、不可解だが東電のテレビ会議システムでその部分の音声だけが消えた。

当時にこれらの発言が報じられていれば、「事故はそんなギリギリまで行っていたんだ」との衝撃を与えただろう。

私自身もうまく書けなかった。私は、事故直後から朝日新聞で約1週間、続けて解説を書いた。

（【原発事故】竹内敬二・朝日新聞編集委員の解説一覧）

http://webronza.asahi.com/science/articles/2011032500010.html

この間、社内から「最悪のシナリオを書いて欲しい。そこから対策を考えるのが筋」との意見がいくつも寄せられた。2号機の格納容器（建屋の内側にある）の圧力が、設計の上限である4気圧の2倍、8気圧まで上昇し、「爆発は必至」と思われたころだ。爆発して高濃度の放射能が放出されれば、作業員は原発にとどまれない。1～3号機の原子炉などの冷却が全て放棄され、爆発し、内部の放射能が放出される。簡単に「最悪はチェルノブイリの数倍」の予想がついた。しかし、そうしたシナリオは「平時」には書けても、事故の進行中に「東京も含め広大な地域が住めなくなる可能性も」とは書けなかった。

結局、原発大事故の「正しい怖さ」を社会が認識しないまま、怖さの認識が中途半端になったのではないかと思う。いま各自治体は住民を避難させる計画をつくっている。福島では10万人規模の人が故郷を離れている最中なのに、避難計画の多くは「逃げた住民は1週間程度で帰宅する計画」といった内容だ。

二つ目は、いざというときにはメディアが「時代を変える旗」を掲げる重要さだ。1週間で帰れるのは「大雨被害」のようなものだ。朝日新聞は原発事故から4か月後の2011年7月13日、複数の社説を掲載して、全国紙で初めて「20～30年で原発ゼロをめざす」とした。明確に「脱原発をめざすポジション」へ移ったのである。その議論に私も参加した。これは以後の社会議論に極めて大きな影響を与えたと思う。

三つ目は、多面的な議論の必要性だが、これは不十分だ。原子力政策は原発の是非、好き嫌いだけでは議論できない。電力の自由化、自然エネルギー、地球温暖化などの連関の中で考える必要がある。

メディアの責任

朝日新聞は、タテ割りになりがちな取材体制を変えるため、多くの部が合同で原発関連報道を行う体制をとり、その中から、原発重視政策が自然エネルギーの普及を阻む体制をつくってきたことを示す連載「電力の選択」（11年）や、電力が自由化された社会では消費者の選択が政策を変える力をもつことを示す連載「電力のかたち」（12年）を展開した。今後どの方向への政策転換がふさわしいかの議論に資するためで、上質の議論を提示できたと思う。

事故後の私自身の仕事で力を入れたのは、外国での常識を普通に報道することだ。たとえば、「発送電分離」は先進国ではもうとっくの昔に常識になっている。日本では「発送電を分離し、自由化すると停電が起きる」などの議論があるが、結局のところ、既得権を守りたい人の主張だ。

外国の例では、ドイツとフランスの比較も何回か行った。両国は石油資源のない似た国同士だが、原子力では路線の異なる国になった。フランスでは戦後、核兵器を独自開発する中で「核はフランスの誇り」という意識が芽生え、政

1980 年　「緑の党」結成
1983 年　「緑の党」が 5% 条項突破で 27 議席獲得
1989 年　バッカースドルフ再処理工場建設の中止
1991 年　試運転直前の FBR「SNR300」放棄
1993 年　ハナウの MOX 工場、運転不許可
1994 年　原子力法の改正。再処理義務を放棄
1998 年　SPD & 緑の党の連立政権誕生
2002 年　脱原子力を決定（2022 年までに）
2004 年　高値で自然エネルギー買い取る政策を拡大
2010 年　メルケル政権が脱原子力を緩和（34 年ごろ）
2011 年　「福島」で脱原子力を再び「22 年までに」
2016 年　プルトニウム（MOX 燃料）使い切り

府の宣伝によりそれが定着し、原発開発を進めていった。おおむね政府による世論のコントロールが成功した例だ。

一方、ドイツは市民社会からの変革の力で脱原発に至った。脱原発は「緑の党の30年戦争」といわれる。1980年に「緑の党」が創設され、原発反対、核兵器配備反対運動と呼応して運動を広げた。決定的なできごとはSPD（社会民主党）との連合で98年に政権をとったことだ。脱原発の法律を通すとともに、自然エネルギーを大きく増やす改革を実施した。

ドイツの特徴は、市民運動が盛んなこと、とりわけ核兵器配備に反対する運動と原発反対が結びつき、運動が大きくなったことだ。そこにメディアが深くリンクし大きな影響力を発揮した。

両国のメディアのありようも、そうした社会の雰囲気を反映したものになった。ドイツではメディアと市

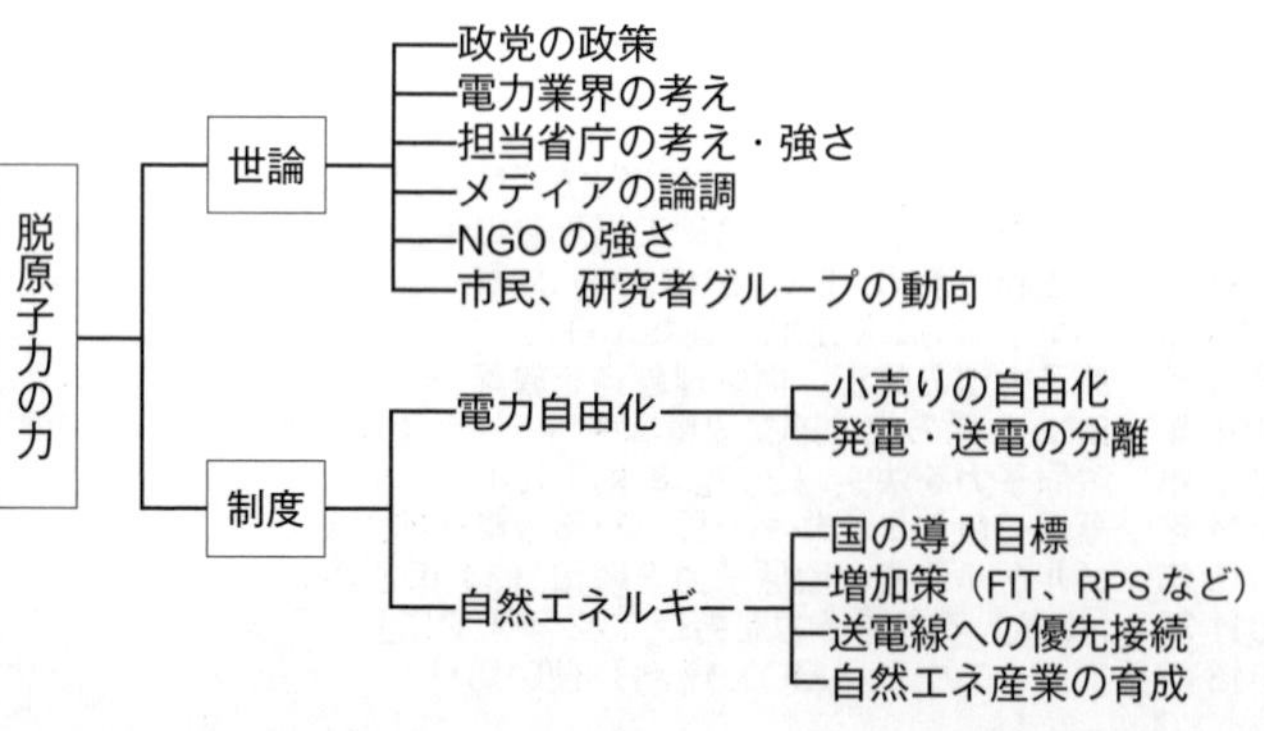

民運動が近い。その運動を政策化、政治化する役目を「緑の党」やＳＰＤが担った。

日本は、中央集権の国が原発を推進するという意味ではフランスに似ており、かなり多くの人が原発に反対するのはドイツに似ている。フランスとドイツの中間の国だ。

日本の将来のエネルギー政策の方向性はまだ決まっていない。再稼働が焦点になっている「いま」の議論がそれを決める。最低限しなければならないのは、事故を反省し、それを政策に反映させることだ。メディアとメディアで働く者の責任は大きい。事実を報じるだけでなく、自分なりの将来ビジョンをもって、積極的に評価することも求められている。

生物多様性とは何か――条約と市民協定の攻めぎ合い

原　剛（早稲田環境塾塾長／ＪＦＥＪ会員・元会長）

生物多様性条約が対象とする生物の多様性とは何か。条約史上もっとも分かりにくい、一般の国民に理解してもらえない条約と評されているのは何故か。

１９６１年に遡るジャーナリストとしての筆者の取材現場から、「生物多様性」が政府間で、また民間の環境保護活動組織の間で、どのように評価され、主張されてきたか、事実によってその経緯を検証したい。

政治と経済から生物多様性をとらえる

「あなたが主張するグリーンとは、ドルのグリーン（紙幣の色）じゃないか！」

「私はアメリカの大統領としてここに来た。アメリカ企業の利益（知的財産権）を侵す恐れがある生物多様性条約には賛成できない」。そう言い放ったブッシュ大統領に「ブッシュ帰れ」の合唱が起こり、卵が飛んだ。１９９２年6月、ブラジルのリオ・デ・ジャネイロで開かれた20世紀最大規模の国連会議「国連環境開発会議」の一幕である。

生物多様性を守る条約とはいいながら、「この条約は、生物の多様性の保全、その構成要素の持続可能な利用及び遺伝資源の利用から生ずる利益の公正かつ衡平な配分をこの条約の関係規定に従って実現することを目的とする（後略）」（第1条目的）とある。

とりわけ熱帯降雨林に生物の種は密集している。多国籍企業が南の途上国の森からその遺伝子を持ち去り、医薬品や農作物の品種を開発することに反発する途上国に配慮しての、国家による〝有用生物〟の囲い込み条約になりかねない。「生物多様性」が最も分かりにくい現代用語となっている背景である。

リオ地球サミットで政府間の会議と並行して165か国のNGO代表が参加、開かれた「'92グローバル・フォーラム」も、「生物多様性市民協定」（Citizens' Commitment on Biodiversity）をまとめた。

「われわれは生物の種の多様性をバラバラに分断して扱うことを拒否する。生物多様性とは、あらゆる生物のいのちを相互につなぐ仕組みと文化の多様性をも含む」

「国連環境開発会議」の総会

（前文）。

このような考え方に基づいて「ＮＧＯ持続可能な農業条約」（NGO Sustainable Agriculture Treaty）と「ＮＧＯ食糧安全条約」（NGO Food Security Treaty）という2つの市民条約がまとめられた。

「化学肥料と農薬を多用する農法と農作物の種類を限って大量生産、規格化して国際流通させる自由貿易の考えを逆転し、断ち切ろう。そのためには、各地に培われてきた伝統的な育種、栽培の技術を活用し、多様な種類の作物を生産して食糧の自給力を高めよう。農業を持続可能にする生物多様性と食糧の自給を保つコストを、社会全体で負担すべきだ」と二つの市民条約は主張している。

「生物の多様性に関する条約」は、リオの「環境と開発に関する国連会議」で採択された。日本は93年5月に受諾、条約の取り決めを日本国内で実行する基本方針を定めた「生物多様性国家戦略」が、95年10月「地球環境保全に関する関係閣僚会議」で決定された。その後改訂され続けている。戦略は冒頭で「生物は人類の生存基盤である多様な生態系を形づくっており、それは人間生活にさまざまな恵みをもたらすかけがえのない存在である」と生物の多様性の保護の意義を明らかにしている。

日本政府は、日本の里山での伝統的な営みを自然と人間の共生モデルと評価し、ＣＯＰ

10（生物多様性条約第10回締約国会議）に「ＳＡＴＯＹＡＭＡイニシアティブ」を提案、可決された。

ＣＯＰ10は多国籍企業の知的所有権から持続可能な人間の知恵として、里山の営みへの評価までが同時に議題となる出色の条約会議であった。

しかしＷＴＯ（世界貿易機関）による貿易自由化によって、日本への農産物輸出増をはかるアメリカやアジアの途上国が、「ＳＡＴＯＹＡＭＡイニシアティブ」が中山間（条件不利地）農業を守るための非関税障壁にされるのでは、と日本政府を牽制したことがＣＯＰ10の性格を物語っている。また生物多様性の宝庫と言われる熱帯降雨林を擁する途上国で、開発独裁政治が「生物多様性より開発経済利益優先」を主張していることが、「生物多様性条約」の性格を分かりにくいものにしている。

生物多様性条約加盟国会議は、遺伝子組み換え生物（ＬＭＯ）により国境を越えて生態系に損害が生じた時の、国際的なルールを決める「カルタヘナ議定書」の締約国会議もかねている。

カルタヘナ議定書は遺伝子組み換え生物が、環境に放たれることによる生物多様性（遺伝子、種、生態系）への悪影響を防ぐため、コロンビアのカルタヘナで作成され２０００年に採択されたルールである。遺伝子組み換え作物の輸入に当たり、輸出国がその旨通告する。

輸入国は自国の生物多様性へのＬＭＯの影響を評価し、輸入の可否を決定する。日本のような輸入国は議定書を支持し、輸出国は反対している。

すでにこの10年間に２００件以上のＬＭＯ汚染が生じ、損害額数十億ドルとみられる。しかしカルタヘナ議定書に加わっていないアメリカ、カナダなど食料輸出国の反対で、損害賠償を伴う「民事責任規定」は成立していない。

生物多様性は人類の生命線

血圧降下剤から麻酔剤まで、今、世界で使われている医薬品のおよそ40％は生物由来の原料から生産され、その市場価値は年間８０００億～1兆ドルに達している。とりわけ抗がん作用を持つ可能性のある植物が多く、北アメリカ大陸のチェロキーインディアンが、イボ取りや寄生虫の駆除に用いてきたメイアップル（ミヤオソウの類の多年生草木）から抽出した睾丸がんの治療薬が、アメリカで商品化された。アメリカ国立がん研究所は、２０００種以上の熱帯林植物を〝抗がん薬草〟としてマークしている。

インド洋の孤島マダガスカルのジャングルに住む、「裸足の医者」の秘薬だったバラッルニチニチソウは、白血病の治療に用いられ、特に子どもの白血病患者の存命率を著しく高める薬効をあげている。この薬草が発見されたとき、マダガスカル島の熱帯雨林は90%が失われており、バラツルニチニチソウも森林と共に消える一歩手前だった。

インドの森林に自生するウマノスズクサは有毒だが、根には降圧・鎮静作用が、実には鎮咳・去痰などの薬効があるとされ、ヤマノイモからは避妊用ピルの重要な成分が抽出されている。

タンパク質とビタミン類をたっぷり含むツバサマメは今、50か国で栽培され貴重な食糧源になっているが、もとをただせばニューギニアの熱帯雨林に住む部族が栽培していたものである。

南米ボリビアで発見された野生のジャガイモは、葉の表面に生えている0・3ミリほどの毛の先端からネバネバした液を出し、害虫を捕まえ、同時にこの葉は、アブラムシが危険を知らせるために分泌する〝警告のフェロモン〟を分泌し、葉を食い荒らすアブラムシを寄せ付けない。生物の驚くべき環境適応である。野生のジャガイモが持つこのタフな特徴を生かして種を交配すれば、安全性と生態系への悪影響が指摘されている遺伝子組み換

バラツルニチニチソウ

えによらない、農薬を必要としない、新種のジャガイモを作りだすことができるかもしれない。

日本でも環境省レッドリスト（絶滅のおそれのある野生生物の情報をとりまとめたもの）において、３５９６種が絶滅危惧種に分類されている（２０１５年版）。人間の活動による自然環境の変化が、絶滅への原因である。

未知の種から、まだまだ予想もつかない新種が発見される可能性は無限にあるといえよう。だが、国際自然保護連合（ＩＵＣＮ）の調べによると、絶滅の恐れのある野生生物は２万２４１３種、現在すでにゴリラ、サルなど少なくとも24種の霊長類が深刻な絶滅の危機にあり、哺乳類の26％、鳥類13％、両生類41％、魚類２２７１種にも絶滅の危機が迫っている（２０１５年版）。

人類と同じように、野生生物は長い進化の産物である。滅びてしまえば二度と地球上に現れることはない。

人間にとって役に立つか、たたないか、という見方からではなく、共に地球の歴史を生き抜いてきた生物同士であるという共感、生命への畏敬に基づいて人間の仕業が他の生物種を滅ぼすことがあってはならない。それが種の多様さ、様々な野生生物と人類が共存していくルールだといえよう。

地球の温暖化で平均気温が４℃上昇すると40％の動植物が絶滅の危機にさらされると予測されている。

遺伝子、種、生息地が多様であること

すでに１７５万種の生物が分類・同定され、他に約３０００万種の未知の生物が、地球上に生息しているとみられる。これらの生物の遺伝子の個性、様々な生物の種類、そして熱帯から寒帯まで、砂漠から湿地まで、生物の生息域が多様に保たれている状態が「生物の多様性」とされる。

たとえば、虎にも最北シベリアのタイガ（針葉樹広葉樹混淆林）に棲むアムールタイガーから、熱帯インドの沼沢地帯に棲むベンガルタイガーまで、気候区に適応して様々な種類の虎が、本来の自然の生息地（in situ）に多様に生息している状態を「生物の多様性」という。動・植物園のような人工の環境（ex situ）で飼育、栽培されている状態では、「生物の多様性」が保たれているとはいえない。

生物の多様性が損なわれる原因は、北の先進工業国と南の開発途上国に共通するものと、異なる構造によるものとがある。開発、開墾のための森林伐採、野生生物の乱獲、地球温暖化、水と土の汚染などは南北に共通する原因である。

それに対して、貧困と人口増加が原因の焼き畑や、アブラヤシ・コーヒーなど国際商品作物を大規模に栽培するためのプランテーション、薪・炭材の採取・放牧地の拡大と過剰な放牧などによる森林など自然資源の開発と過剰な利用は、開発途上国に特有の原因である。

市民協定は、生物の多様性を、全ての生命体の相互のつながり（ecosystem）、持続可能な社会への文化の多様性としてとらえている。対する生物多様性条約は、保全の対象になる生物の範囲を、人間の利益になる「生物資源」に重点をおいて規定している。生物の価値を選別し市場経済における財として扱っている点で、市民協定の理念とは決定的に異なる。

生物の多様性に関する条約（政府間）

（前文）

締約国は、生物の多様性が有する内在的な価値並びに生物の多様性及びその構成要素が有する生態学上、遺伝上、社会上、科学上、教育上、文化上、レクリエーション上及び芸術上の価値を意識し、生物の多様性が進化及び生物圏における生命保持の機構の維持のために重要であることを意識し、生物の多様性の保全が人類の共通の関心事であることを確認し、諸国が自国の生物資源について主権的権利を有することを再確認し、諸国が、自国の生物の多様性の保全及び自国の生物資源の持続可能な利用について責任を有することを再確認し、生物の多様性がある種の人間活動によって著しく減少していることを懸念し、生物の多様性に関する情報及び知見が一般的に不足していること並びに適当な措置を計画し及び実施するための基本的な知識を与える科学的、技術的および制度的能力を緊急に開発する必要があることを認識し、生物の多様性の著しい減少又は喪失の根本原因を予想し、防止し及び取り除くことが不可欠であることに留意する。（中略）

生物の多様性の保全及びその構成要素の持続可能な利用のため、国家、政府間機関及び民間部門の間の国際的、地域的及び世界的な協力が重要であること並びにそのような協力の促進が必要であることを強調し、新規のかつ追加的な資金の供与及び関連のある技術の取得の適当な機会の提供が生物の多様性の喪失に取り組むための世界の能力を実質的に高めることが期待できることを確認し、更に、開発途上国のニーズに対応するため、新規のかつ追加的な資金の供与及び関連のある技術の取得の適当な機会の提供を含む特別な措置が必要であることを確認する。（後略）

（第1条目的）

この条約は、生物の多様性の保全、その構成要素の持続可能な利用及び遺伝資源の利用から生ずる利益の公正かつ衡平な配分をこの条約の関係規定に従って実現することを目的とする。この目的は、特に、遺伝資源の取得の適当な機会の提供及び関連のある技術の適当な移転（これらの提供及び移転は、当該遺伝資源及び当該関連のある技術についてのすべての権利を考慮して行う）並びに適当な資金供与の方法により達成する。

（第15条　遺伝資源の取得の機会）

1）各国は、自国の天然資源に対して主権的権利を有するものと認められ、遺伝資源の取得の機会につき定める権限は当該遺伝資源が存する国の政府に属し、その国の国内法に従う。

（中略）

6）締約国は、他の締約国が提供する遺伝資源を基礎とする科学的研究について、当該他の締約国の十分な参加を得て及び可能な場合には当該地の締約当事者に於いて、これを準備し及び実施するように努力する。

7）締約国は、遺伝資源の研究及び開発の成果並びに商業的利用その他の利用から生ずる利益を当該遺伝資源の提供国である締約国と公正かつ衡平に配分するため、資金供与の制度を通じ、適宜、立法上、行政上又は政策上の措置をとる。その配分は、相互に合意する条件で行う。

＊

生物多様性市民協定（Citizens' Commitment on Biodiversity／筆者訳）

生物多様性の概念とは、細胞から生物圏レベルまでの、全ての生命形態とそれら相互の関係性、さらには文化の多様性をも含むものでなくてはならない。生物の多様性とはあらゆる形態の生命と、自然であるか飼育されているかに関わりなく、それら生物全ての生息域の多様性を含む。われわれは生物の多様性の概念を断片的に論じることを拒否する。生物の多様性とは、生命は一体であるというスピリチュアルな認識と、多様な生命は相互につながり合っている、という科学的な認識の均衡とによって形づくられる概念である。

多様な生命体は全てが固有の価値を有し、それぞれが生存する権利を有する。生物が多様に存在することは、地球上の生命体の保護と進化のための基本的な条件である。

生物多様性を保全することは、社会がそれぞれの文化を維持する力を高め、文化的、経済的、社会的、精神的に発展していくことに貢献し、人々の生活の質にも決定的な影響を及ぼす。

＊

世界の環境、自然保護NGOの代表者たちがリオで合意に達した「生物多様性」のとらえ方は、生命体を一体の相互関係として認識し、生き物がそれぞれに生存する固有の権利を有し、ひいては文化の多様性をも含む概念であるとしている。

次に持続可能な農業、市民条約を紹介する。

工業的な農業生産と農業地域開発のモデルを現在地球規模で推し進めている圧倒的な社会経済及び政治の機構は、農業分野での社会と環境の危機およびその影響を地球規模で農村、都市に波及させている原因となっている。

このモデルは生態系を形づくっている生物の多様性を損なわない農村都市の多様な景観や生産のあり方を奪い、天然資源をも摩耗させている。このモデルは地域の共有財産ともいうべき天然資源を減少させ、その基盤を危うくしている。

工業的な農業生産と農業地域の開発モデルは、短期的な経済利益を求め、食糧生産と原料生産のあり方を多国籍企業と貿易による利益目的に供している。この状況は、地域から食料生産と地域への支配力を奪い、農民と国民の食料の安全保障を犠牲にすることを意味している。このモデルは、多様な自然の生態系の持続可能な用い方の英知や、地域の人々の伝統社会が長い年月をかけて培ってきた文化の多様性、知識の集積を、無視し破壊する傾向がある。

大多数の国々の政策は工業的な農業生産モデルを展開しつつある。だがこのモデルは人類と地球上の生命の環境、生の営みに有害である。ガット（GATT、現WTO）で提案されている、いわゆる「農業貿易の自由化」は、現在の農業経済システムによる独占を強化し、生産システムを単純化、民主化し、小農民や貧農の政策参加を不可能にする。このモデルは世界をとおして、食料安全保障の土台を掘り崩すことになる。

政府間の「生物多様性条約」と市民組織の「生物多様性市民協定」による生物多様性の

とらえ方は、両条約がつくられた１９９２年当時、鋭く対立していた。

しかし、その後、国際自然保護連合（ＩＵＣＮ）や世界自然保護基金（ＷＷＦ）など野生動植物の保護政策で国連と協働作業を行ってきた国際環境ＮＧＯが、政策形成の過程に、より一層参加することになった。その結果、政府間条約と市民代替条約の相違は、現実の課題を解決するために双方から妥協点に歩み寄る傾向をみせている。

ただし農業、食料生産のあり方をめぐる遺伝子操作や外来型多収穫種の導入などに関するＧＯ（政府組織）とＮＧＯ（非政府組織）の対立は、現在に至ってもなお妥協の見通しはたっていない。ＮＧＯ食糧安全条約の最終パラグラフに記された「農業に起因する環境と社会的コストの内部化」、フェアトレードがはらむ国際問題である。

生物多様性の経済学——生態系サービスの概念

生物の多様性が失われることによる経済的な損失を明らかにし、生物多様性を保全する経済的な動機づけを図る「生態系、生物多様性の経済学」（ＴＥＥＢ）が注目されている。新しい対策をとらず、現状のペース（年間約４万種が絶滅）で生物の種が失われていった時に、経済がこうむるであろう損失の額をＴＥＥＢにより算定、各国の政府、自治体、企業、市民に向けてどうすれば生物の種絶滅の速度を緩めることができるか、対策を提示している。

政府、自治体の政策決定者向けのＴＥＥＢ報告書は、生物の多様性を保つために、次の対策を例示した。

・生態系インフラへの投資
・生態系サービスに適切な支払いを行う
・環境に有害な補助金制度の改正
・生態系の喪失に規制をかける
・森林減少・劣化の防止
・サンゴ礁の保護

ＴＥＥＢの中間報告によると、生物の多様性がもたらす経済的な価値は、陸に生息するものだけで1年間に約６６５０億円に上る。仮に現状のままで保護策が取られない場合、２０５０年における損害は国内総生産（ＧＤＰ）の7％に達すると計算している。

農林水産政策研究所・田中淳志研究員は、「生物多様性保全に配慮した農産物生産の高付加価値化に関する研究」（『農業水産研究所レビュー』No.37 平成22年8月）において、兵庫県豊岡市におけるコウノトリ保全に配慮した米の高付加価値化要因を解析し、本来、市場でその価値を定量化して貨幣による交換価値をつけることができない生物多様性について、「仮想貨幣評価法」ＣＶＭ（Contingent Valuation Method）によって値段を算定している。

まず、環境が野生のコウノトリが生息できるレベルまで改善された状態を、回答者に説明する。そして、この環境改善に対して、支払う意思のある金額を質問し、その金額から環境の価値を評価する方法である。

兵庫県豊岡市におけるコウノトリ保全に配慮した米（「コウノトリ育むお米」）生産について、どのような属性を増進すれば、消費者はより高く「コウノトリ育

コウノトリ保全に配慮した水稲生産の経済評価の結果

変化する属性	コウノトリ保全や育む農法の知識を有する回答者	コウノトリ保全や育む農法の知識を有しない回答者
コウノトリの生息数が2羽から29羽になる	+1107円／5kg	+642円／5kg
水田で見かける生物数が現状の2倍になる	+532円／5kg	統計的に有意な結果が得られず
30%減農薬から75%減農薬使用量削減	+1604円／5kg	+1161円／5kg
30%減農薬から無農薬へ農薬使用量削減	+2767円／5kg	+1863円／5kg

注1　評価額は、他の属性が同一で上記の要因だけが変化した場合に追加的に払ってもよいと考える金額（お米5kgあたり）を示す
注2　「統計的に有意な結果が得られず」とは、属性の変化への反応がみられないことを示す
出典：農業水産研究所『農業水産研究所レビュー』№37（平成22年8月）p.9

むお米」を買うのかを、「コウノトリ育むお米」の購入者を対象としたアンケート調査により分析した。

（中略）コウノトリ保全や育む農法の知識を有する回答者もそれらの知識を有しない回答者も、農薬使用量の削減に多くの金額を支払ってもよいと考えていることが明らかとなった。これは、農薬使用量の削減が消費者にわかりやすい属性であることと、消費者自身にメリットがもたらされることを反映した結果と思われる。また、コウノトリ保全を育む農法の知識を有する回答者は、それらの知識を有しない回答者よりも追加的に支払ってもよい金額が大きい。また、水田で見かける生物数の増加については、知識を有する回答者だけが追加的な金額を支払うという結果が得られている。このことは、生物多様性保全の取り組みや意義を知ってもらうことで、「コウノトリ育むお米」をより高く買ってもらえることを示している。

（前掲記事より）

生物多様性の存在価値は経済分野にとどまらず地域の文化的な特性と生活の場の生態系の基盤を成すものである。従って、生物の多様性とそれがもたらす生態系サービスの内容と評価は、その地域（場）ごとに異なってくる。日本とその地域社会にとって何が生態系サービスなのか、を第一段階として事例研究を重ねる帰納法によって明らかにする。第二段階として、それを政策として普遍化するために生態系サービスの演繹的な評価法を構想したい。

経済的なインセンティブを明示して生物多様性の保護を社会ルールとするために、現在幾つかの手法が実験されている。

- 生物多様性に配慮して生産された木材やコーヒーなどに「認証」(ラベル)を認めることで、消費サイドに商品購買の動機づけ
- 開発に伴う生物の生息環境への影響は最小限にとどめるか、それでも影響を免れがたい時、開発地の近くに代償の生息地を創る「生物多様性オフセット」などの試行

第四章　討論――「自然の恵み」をどう伝えるか?

ジャーナリズムの基本姿勢は「客観報道」にある。取材者は、事象の背景にある真実を追究し、可能な限り客観的に報道することが通常求められる。

だが、3・11の震災とそれに伴う原発事故を機に、従来の報道機関に対する疑問や不信感が、受け手の側に噴出している。取材者側の見識、取材対象として何を選ぶか、それをどう報道するか、いまジャーナリズムは、その報道手法に転換を求められていると思われる。

生物多様性という新しい概念を利根川流域でどのように報道したらよいのか、環境報道に取り組んできた三人のジャーナリストが、その経験を踏まえて、新しい報道手法を探求する。

真の「客観報道」を求めて

原　剛（早稲田環境塾塾長／ＪＦＥＪ元会長）
明珍美紀（毎日新聞健康医療・環境本部委員兼社会部）
金　哲洙（日本農業新聞記者／ＪＦＥＪ理事）

原発報道に生じた大きな疑問

原剛　われわれジャーナリストはこれまで、「生態系サービスの問題認識とジャーナリズムの取り組み」についていろいろ勉強してきました。その中でどういう問題意識を持ったのか、またそれに対して具体的にどのように取り組むべきなのか、現実に取り組んでいるのか、ということを話していきたいと思います。

東日本大震災にともなう東京電力福島第一原発の事故以降、報道の受け手の方々に、一つの大きな疑問がわき上がったと思います。テレビや新聞に出てきた専門家、あるいは官僚、東京電力の人たちの説明と社会に対する態度というものが、一体どういうものだったのか。これについて、皆さんは深く疑問に思われたと思います。

本来ジャーナリズムが取材すべき相手が、もし嘘つきだったり、勉強をしていなかったり、あるいは金のために何をするかわからないような人たちだったとしたら、一体われわれの取材源はどういうことになるのか。そういうことが、単なる疑惑ではなく、明確な形で露呈したのが、原発事故と報道ではなかったかと思います。

客観的な報道を可能にする取材源が構造的に存在しなかった場合には、ジャーナリスト自身が当事者として行動しなければなりません。調査報道、提唱、擁護するアドボカシー報道の姿勢をとらざるを得ない。そういう社会状況が今の日本にはあるように思います。

明珍美紀　毎日新聞で主に環境や平和の問題を取材している明珍です。原さんの後輩でもあります。

今回、お配りした資料の中で、千葉県のお酒の蔵元「寺田本家」の記事があります。偶然ですけれども、今日このシンポジウムにいらしている寺田優さんの先代、二十三代当主の寺田啓佐（けいすけ）さんのもとを訪ねたとき、「自然の恵みによってわれわれの家業が成り立っている」とうかがいました。震災前でしたが、私も非常に勉強になったことを懐かしく思い出しました。啓佐さんは残念ながらお亡くなりになり、娘の夫である優さんが後をお継ぎになっています。生態系サービスを論じる前に、私たちは「何を報道するか」という取材の素材を見つけることが、非常に大切だということを痛感しました。

森林塾青水は、年間8回のエコツーリズムを開催し、延べ1000人が参加しているそうです。森林塾青水の方が「これは本物のエコツーリズム」だとおっしゃっていましたが、「本物を見つける」ことが、まず私たち記者の仕事であると感じます。いろいろな分野があります。人権問題、環境問題、そして原発問題……。誰から何を取材し、どう報じるか。その「素材」を探すことが私たち記者の力量の一つ。これも問われていると思いました。

明珍美紀

では、どのように見つけるのか。それは私たちの足元、スタンスの問題であります。先ほど「生態系サービス」という言葉を他の言葉に置き換えられないかという議論がありました。「自然の恵み」、まさに私もそのようにとらえています。私たちは自然の一部である。自然の恵みによって生かされている。そのことを踏まえたうえで活動をしている。そういうグループや人々をここ数年、探してきたつもりです。その結果が寺田本家の取材につながりました。それは私たち記者の視点とネットワークです。どんなテーマでも、根本的なところ、土台がしっかりしている活動、あるいは人を、読者の方々に紹介することによって、「今の私たちの暮らしがどうなっているのか」を伝える。原発事故後もそうですが、なぜこの原発建設を許してしまったのか。そういうところまで考えていくと、物事の問題点が見えてくると思います。

専門分野を超えた報道を

金哲洙　日本農業新聞の金と申します。大学では生態学を専門に研究しました。

２００４年から日本農業新聞に中途採用で入社しました。環境問題を報道し始めたのは２００９年からですが、そのきっかけは、「日本環境ジャーナリストの会」が開催した日中韓の環境ジャーナリストの交流会でした。私の先輩が紹介してくれて、それを取材したのが始めたきっかけです。その後、原先生からのお誘いもありまして、「早稲田環境塾」に入って勉強したことがあります。先ほど明珍さんもおっしゃったように、実は報道機関でも「生態系サービス」に関しての認識は、非常に不足していると感じています。例えば、ＣＯＰ10の中で「Ｓ

金哲洙

ＡＴＯＹＡＭＡイニシアティブ」というものが一応採択されたにもかかわらず、なかなか盛り上がらない。そこで私は皆さんの取り組みを取材し、専門家の方の講演などを聞き、これはどこかで報道しなければいけないと思ったわけです。ただ、ご存知のように、日本農業新聞というのは農業専門に特化した新聞ですから、環境という切り口で取り上げるのは非常に難しいのです。

２０１２年10月に、群馬県みなかみ町で行われた「全国草原サミット」の取材に行こうとして上司から言われました。

「何しに行くんだ。お前の取材分野じゃないんだ」

「私、個人で行きます。ただ、記事にさせてください」

という調子で上司と喧嘩したことがありました。そこで一番感じたのは、生物多様性の問題も、あるいは環境問題全般を含めても、報道機関の上層部でもそれほど認識が高くないことです。喧嘩を通して、いよいよ何とかしなければいけないということで、部長にも相談しました。

その結果、２０１３年1月14日付で「農業論壇」という紙面を作り、一記者が一つのテーマを取り上げて報道するというコーナーに至ったわけです。これにもいろいろ紆余曲折がありました。最初は新年号で取り上げようと言われていましたが、「もう少し内容を広げてほしい」ということでボツになってしまいました。

寺田本家の酒造りの基本的考え方の中に「雑菌大歓迎」というものがあるのですが、それはまさに生物多様性の考え方だということで、それを記事に盛り込もうとしたのですが、酵母菌も雑菌も目に見えないから、「もう少し具体的に、目に見えるものを盛り込んでほしい」ということになりまして、水田のカエルやトンボをコラージュしました。

最後まで稲の菌を入れようと思ったのですが、「これは何？」と読者から聞かれると、見えにくいということがあって、取り上げることが出来ませんでした。非常に残念に思っています。

ここで言いたいことは、実際に取材する報道側の知識の浅さです。私が、ここまで報道できたのは、逆に、実際にこうして活動に取り組んでいる方からのアプローチがあったからこそ、記事掲載が実現できたのだと思います。

私が「生物多様性」について書いてきた記事を若干紹介します。まず現在の「生態系サービス」という概念がよくわからないということで、東京大学大学院教授（当時）の鷲谷いづみさんに質問をぶつけました。「生態系サービスを平たく言えばどういうことですか？」とうかがいましたら、鷲谷先生は、やはり「自然の恵み」ということをおっしゃいました。

さらに、「NPO法人田んぼ」理事長の岩渕成紀さんは生態系サービスについて、「日本で開かれたＣＯＰ10から発信されたものなのに、なぜわざと外国の言葉でそれを伝えるのか」とおっしゃっていました。海外に発信する時には「生態系サービス」というふうに表現してもいいでしょうけれども、それを日本国内に伝える時には「生態系サービス」と言うとわかりづらい。やはり「自然の恵み」と伝えたらどうですかということでした。

もう一つ、取材をしている中で印象深かったのは、次の岩淵さんの発言です。

「今の世の中では、教育は知識を伝えます。しかし、知恵は風土の文化の中で生まれたものです。今の教育では、そういう知恵は伝えていない」

さらに、生物多様性に関しては、上智大学大学院教授のあん・まくどなるどさんの言葉で、非常に印象深かったものがあります。彼女が日本全国を歩きまわって感じたのは、２月に北海道では雪が降っているのに、沖縄に行くとそこでサトウキビを収穫している。日本は生物多様性、つまり「自然の恵み」に対しての典型的な社会モデルだとおっしゃっていたことです。

最後に、２０１２年12月に寺田本家の取材で非常に感動を受けたのは、25年前に機械化した酒造りの世界から、今度は機械を全部売り払って、実際に全てを手作業に戻したというお話です。手作業をすることによって地域の雇用も生まれるし、歌の時間を見て麹を撹拌する技術もよみがえったそうです。非常に素晴らしい取材をさせていただいたと思い、最近では最も印象深かったです。

原　ありがとうございます。新聞記者は機械ではありませんので、その人の人生や、生まれ育った環境というのが非常に強烈にその人の価値観や、取材に反映すると思います。

金さんは中国吉林省で生まれ、その地域ではマイノリティーの朝鮮民族である。そして日本に来られて京都大学で草地生態学を学んだ。その後、日本農業新聞に入り、農業の多様性と生物多様性を結びつけて取材をしていらっしゃる。私の見たところ、この方はおそらく日本のジャーナリストの中で一番まともに「生態系サービス」なるものを自分の仕事の上で表現していると思います。

新聞社というのは、往々にしてデスクや部長と記者がぶつかってやり合うところがありますが、日本農業新聞の場合は、ご承知の通りＴＰＰという大きなテーマを抱えています。国産農業をどういう視点で守っていくのかという、非常に大きな課題が目の前にあります。

民主党政権に対して私は、環境に関しては期待して

原剛

いましたが、本質的に理解力を欠く人たちだなという感じを持ちました。自民党は環境問題に関しては、全体的にはもっと悪い印象を与えますが、農業について言いますと、自民党は民主党の農業者戸別所得補償制度と違って、田んぼの環境価値、多面的価値を打ち出しました。非貨幣的価値を、国家予算を切り替えるポイントにしたいと言っていますが、この点は注目すべきことです。あの政党が福島原発に対して何をやったかということは別にして、この農業政策の当面の問題は大きな変動がこれから起こってくると思います。それはおそらく生物多様性を素地にしていると思います。

なぜ生物多様性なのか、どうしてこんな変な言葉を使ったのか。

私は、1961年から環境問題を取材してきて、非常に強く思っているのは、利害が対立して国内で解決が困難な問題は、外圧を利用して政策化してきたということです。車の排ガスもそうです。国内で反対するほうが多くて動きがとれない時は、国際条約や外国の言葉、概念を使って国内に攻め込む。「生物多様性」という言葉も、その一つだと思います。それが環境省の悲しい習性だったのです。生態系サービスはその典型だと思っています。

それでは参加していただいた皆さんの疑問、ご意見を、なるべく大勢の方から伺えたらと思いますので、この後、質疑応答にあてたいと思います。

ジャーナリズムの退廃

会場（ジャーナリスト・戸石四郎氏）　銚子には民間の最終処分場が30年近く操業しており、もう満杯なのですが、さらに圧縮をしてそこにどんどん廃棄物を受け入れています。さらなる増設計画も出ています。3・11以後に問題となっているのは、勝手に国が決めた、低濃度の放射性廃棄物です。これは公共施設で大変問題があって、千葉県内でもいろいろトラブルがあるのですが、民間の処分場が国の決めた基準値内であるということで、どんどん焼却材や放射性汚泥などを受け入れています。われわれの推定では、すでに4万tも受け入れていて、それを地元の行政、あるいは県も黙認しています。これは大変な問題ではないかと思います。その処理についても、やはり民間ですから、行政の監視の目が届かないという状況があるわけです。

私は、「銚子は全国のゴミ捨て場だ」という表現をしていますが、われわれの最近の数少ない勝利としては、水道水の水源地帯に計画された管理型の最終処分場について、15年間最高裁まで争った結果、最高裁が千葉県の上告を棄却して、住民が勝訴しました。これは全国的にも画期的なことだと思います。

しかし、こうした重要な報道がまったくなされていないのです。管理型処分場を住民が反対して15年間ものあいだ戦って、最高裁まで持っていってついに勝ったことの意味、それまでの背景、こうした真実の歴史について、全国紙では千葉版が県の発表を掲載したのみで、全国版ではどこも掲載しませんでした。住民が15年もの間、どれだけ行政の不当な措置で苦しみ、苦闘してきたか。このことには一言も触れないのです。

これについては、私はやはり「ジャーナリズムの退廃」ではないかと思います。そういう問題意識をぜひ持っていただきたい。1970年代の新聞は、もう少し住民運動、環境問題を地方版にも全国版にも取り上げていました。しかし、東日本大震災が起きてもなお、まったくと言っていいほど住民運動を取り上げていない。そこに何か一つの慣れ合いみたいなものを感じざるを得ないということです。

明珍　おそらく今のお話は、記者が町を歩いていない、あるいは住民から話を聞いていない、そういったことから生じたものです。その地域を歩き、住んでいる人がどんなことに悩んでいるか、どういう問題に直面しているか、ということを肌で感じて書くのが支局の記者の基本だと思います。そういうことがなかったから、そのような事態が起きてしまったのではないかと感じます。それは私たち記者の怠慢でもあります。他人事ではない。反省すべきことだと思いました。ありがとうございました。

会場　私が「退廃」という、あえて非常に強い二文字を使ったのには、住民側にとってはメディアに取り上げられるというのは非常に大きな力になるからです。だから住民側はいろいろな機会にマスコミに発信しているわけです。もちろんインターネットでもやっています。ところがやはりそういうものに対して、一切目をつぶっていると言いますか、町の記者クラブレベルの人すら、ジャーナリストと言うよりもサラリーマン化している。住民側の発信を受け付けない。「退廃」と言わざるを得ないというくらい遺憾です。

原　記事を書いているとよくわかりますが、べつに社内で規制されているわけでもなんでもない。書くなと誰も言っていないはずです。編集局内で事実を書くなといって書かせないような新聞は、とっくに世の中から淘汰されているはずです。問題は多くの日本人が美しいものを美しいと感性で理解できなくなってしまった。そういう時代ではないかと思います。新聞記者もそういう意味では、その列に連なっている存在ですから、嫌な言葉ですが、「劣化」という問題が人間の精神性に起こっているのではないか。それを非常に強く感じます。規制されているのではなく、単純にそれは記者クラブの問題で、発表したものを右から左に書き流す悪しき客観報道のせいだ、というのは簡単です。ずっと昔から言われています。しかし、そんなものは自分の努力でどうにでも打破できるのです。そのエネルギーというか、その人を立ち上がらせる、そういう地力が湧き上がってこない。そういう時代なのではないでしょうか。

今のご指摘は記録にとどめて、われわれの内部で議論して、きちんと外に向かって発信するようにしていきたいと思います。

金 少し違う角度からお話しすると、韓国の場合は、FTA等のグローバル化から派生する雇用問題で、実際に2009年から2012年3月くらいまで22人が自殺しました。それでも、韓国も報道していませんでした。実際に私は現場に行って、取材して、日本でも報道しております。逆にそういった記者に対しての教育も必要だと思いますし、住民運動の力になる記者を見つけて、発信するのも一つの方法じゃないかと思います。

報告会「ジャーナリズムは『自然の恵み』をどう伝えるのか？」（2013年1月開催）にて

フィールドに関わる

会場　私は3・11の後、ＮＰＯを立ち上げました。最近とても感動しましたことは、３・11の後に知り合った日系アメリカ人女性です。彼女は日系人ということもあり、震災後１か月間、休暇を取って大船渡に入ったそうです。あるきっかけで先週、彼女が私にコンタクトしてきたのですが、彼女は結局、仕事をやめて日本に落ち着きました。今、ここで書くべきだという本能で、日本に残りました。このことは今議論になっていた、「なぜジャーナリストが長期にこういうことをフォローしないか」という精神にもつながっていると思うのです。本来の仕事をやめてまで、大事なことを発信したいと覚悟しているジャーナリストが、外国から日本の地域に入りました。その姿勢にすごく私は感動しました。

原　大変共感できるお話をありがとうございました。

ここで、２０１１年度から地球環境基金の助成を受けてわれわれがやっていることを簡単に皆さんにご説明しておきます。まず、生態系サービスとはなんであるかということを、専門の方を呼んで公開の勉強会を複数回開催しました。これは報告書にまとめています。

第二は客観報道とは何かを見直すということです。今回、われわれに対して、何故多彩な事実を報道できていないのか、とご指摘いただきました。安易な、悪しき客観報道の呪縛というものがありまして、当事者になるな、自分の意見は入れるなということを言われる。金さんのお話のように、「お前の取材範囲となんの関係があるんだ」というデスクすらいるわけです。そういう中でわれわれがこれからこの問題を書いていくためには、いったい客観報道とは何かということを基本的に全て見直す必要がある。そうすると、それに変わるものは何か。

ここに、「プロパガンダ」と「キャンペーン」という概念があります。二つの違いはなんでしょうか。

まず、「プロパガンダ」とは、ありもしないことを言いまくるものを言います。独裁政党が偽情報を喧伝し、ついにその国を滅亡に追いやってしまった。それがプロパガンダです。一方、「キャンペーン」とは、あくまでも事実に基づいて論を展開していく報道手段を言います。私たちは、「キャンペーン」の方を選ぶ必要があるということです。

「キャンペーン」をする時には敵が出てきます。AとBという二者のどちらにつくかということを問われるわけです。明快にBという立場をとる。会社として、記者として現在の報道ルールで認められていますし、現実にわれわれはキャンペーン報道を通常やっています。しかし、それでどうするのかというと、自分たちが選んだ側が、私たちにとってかけがえのないものであるということを、事実によって裏付けて、それを「アドボカシー＝擁護」、アドボケイトしていくことになります。これが「擁護報道」です。そして「アドボカシー報道」に「キャンペーン報道」を加えていく努力がこれから必要になってくるのではないかと思います。われわれは今、こうした報道のあり方を、仲間同士で勉強しているところです。

第三のテーマは、今日ここにこういう会合を開いた目的に関連してきます。ここに大きなポイントがあるのですが、実はジャーナリストの取材対象にも、ジャーナリスト自身にも、さきほど戸石さんがおっしゃったように、作為、不作為の問題があって、われわれが今協働すべき相手は、いわゆる政官学の伝統的なトライアングルではなく、例えば個人でやっているような市民的活動であったり、さまざまなミニコミ紙の方であったり、NGOであったり、そういう方々との市民のプラットホームでの連携プレイ、結節線づくりが必要になってくるだろうと思います。

このようなやり方で生態系サービスを理解し、報道しようと日本環境ジャーナリストの会は務めてきました。これからもこれを錬磨していくつもりです。

最後に、一つ大事な点を指摘しておきたいと思います。１９９２年のリオ地球サミットで「生物多様性条約」が政府間で締結された時、１万人を超すＮＧＯの代表が集まり、生物多様性市民コミットメント(Citizens Commitment on Biodiversity)をつくっています。そこには、「生物多様性とは、人間の生き方の多様性であり、教育の多様性であり、農作物の種の多様性であり、あらゆる文化の多様性である。政府や企業が、エイズやガンなどの薬品開発のための有用な生物の多様性を保全するためではない」ということを明快に宣言しています。

生物多様性をめぐって、大きな亀裂を抱いているということをしっかり認識しておく必要があるだろうと思います。お金のための生物多様性ではない、文化としての生物多様性であるということです。そこのところも今後この問題を考えていく時のポイントにしていきたいと考えています。

あとがき

「生態系サービスの報道手法を確立する」――この大きなテーマを掲げて3年間の調査・研究活動を行ったが、プロジェクトの発足当初は、とまどいばかりだった。まず、「生物多様性とは何か」「生態系サービスとは何か」を理解するところから始めなければならなかった。また、利根川の上流域から下流域までという、実に広範囲にわたる取材地で、どのような取材対象を選び、どのような形で調査活動を進めていくか、その都度、試行錯誤を繰り返すという状態であった。

一方で、取材・調査活動をしているうちに、私たちの追究しているテーマに対して、予想以上に期待が大きいことを実感して、新鮮な驚きを感じた。

特に、あるNPO組織のスタッフの方から言われた言葉が忘れられない。2012年のことである。

「最近、ニホンカワウソが絶滅種に指定されましたが、その後『まだ生きている』という報道がときどき出ます。でも報道は、『まだ生きているかもしれません!』で終わってしまう。その後のフォローは何もない。本当は、『まだ生きている』と騒ぐよりも、なぜ絶滅の危機に瀕するところまで種が減ってしまったのか、それを探求することが大切なのに……。なぜ、それができないんでしょうか？」

その言葉を聞いて、痛感した。私たちが本テーマで探求すべきことは、「なぜ、それができないのか？」を分析し、「それができるためには、どうするべきなのか？」を確立することなのだと。同時に、この分野に対するジャーナリズムへの期待の大きさも、日々強く実感してきた。

福島第一原発の事故後の報道に対しても、同じ問題を痛感している。あれだけの大事故を起こしながら、2012年に自民党政権が再登場して以降は、原発再稼働に向けて動き出す。そして、放射能汚染は何も解決せぬまま「なかったこと」にされつつある。環境報道は、なぜこうした歪んだ状態を変えることができないのか。たとえ報道はしていても、なぜこの歪んだ流れを変える大きな力とならないのだろうか。

環境問題の報道に携わる現場のジャーナリストたちは、多かれ少なかれ、この点に問題意識を感じているはずである。

生物多様性をテーマに報道をすることは、価値観が多岐にわたり、ステークホルダーたちの利害関係が複雑に絡み合うという点で、報道の仕方は困難を伴う。同時に、そこに工夫のしがいもある分野であるということにも気づいた。

なぜ、それができないのか?

まず、「なぜ、それができないのか?」の分析について、いくつかの要素を挙げてみたい。会員であるジャーナリストたちが日々、現場で感じている困難は、本書の中にも散見される。それを整理してみると以下のようになると思われる。

(1) 上司が専門知識を理解していない

企画を進行させるためには、記事掲載の意思決定をする上司を納得させて企画を通さなければならない。これは、環境問題に限らず、専門性が強いテーマの分野では、共通して抱えている問題だと思われるが、現場が感じたテーマの重要性に対して、記事掲載の意思決定をする上司に専門知識がないために、企画への理解が足りずに、取材続行が不可能になるというケースが見られる。

(2) コストと時間がかかる企画は敬遠される

テーマに意義は感じていても、取材・報道に費用がかかるものは、敬遠される。前述したニホンカワウソに関する報道などもその一例と言えるのではないか。「絶滅したのか、絶滅していないのか」ばかりに報道が集中してしまう。「なぜ絶滅の危機にいたっているのか」を報道したいと思っている現場の記者や上司もいないわけではないはずだが、費用と時間がかかるため、誰もが目先の「絶滅した」「いや、生きている」の報道に走る。

(3) 目先の報道に振り回される方が、効率がよい

上記(2)に関連するが、受け手側も報道の一喜一憂に踊らされて、全体として注目度が高くなるので、「まだ生きているか否か」の視点のみにとどまっていた方が、メディア側は効率がよい。関東地方の川にアザラシが一度ならず迷い込み全国的に話題になったことがあったが、この際の報道も「なぜ、アザラシがここにいるのか」を追究するメディアはなく、ただ連日、「どこにいたか」だけが報道されていた。それで十分注目を集めるし、それだけならば大したコストがかからない。その方が、効率がよいということになれば、構造問題に踏み込む取材をしようという流れにはならない。

(4) 縦割りの担当システムの限界

現場の記者たちは、それぞれ担当の地域、官公庁、団体などを細かく担当しているため、

そこから逸脱して全体を包括した企画を進めにくい。縦割りの担当者がそれぞれの情報を共有して情報交換をしながら全体像を報道するというものよりも、日常の担当部署の取材、報道が優先される。生物多様性のように、取材対象もその価値観も多岐にわたるテーマに対し、縦割りのシステムは親和性が低い。また、記者クラブ制度の功罪も変わらぬ課題として残されているが、それも「縦割りの弊害」の一つの例としてあげられよう。

どうするべきなのか?――新たな報道手法の確立のために

では、「それができるためには、どうするべきなのか?」を考えるべきであろう。意思決定権を持つ上司の説得、目先の効率に走らない取材を敢行し、縦割り取材を廃して包括的な報道を行うためには、どうしたらよいのか。それが、新たな報道手法の確立のために必要な要素となるはずである。

これまで、本書でその試みの数々を個別に報告してきたが、ここでその構造を整理してみたい。

(1) 取材対象者との連携を強める

地元メディア、研究者、地域のNPO、自治体、地域の産業従事者と積極的に連携を取る。

従来の報道手法のように、「取材者は傍観者」という立場で「取材者」と「取材相手」の関係に終始させてしまうのではなく、積極的に生物多様性の保全に尽力する勢力に働きかけ、情報交換をして、共同で発信を試みる。利根川を例にあげれば、上流域、中流域、下流域それぞれのメディア、自治体、NPO、産業従事者らと連絡を密にして、それぞれの活動に積極的に関わり、情報収集、発信を強化することを可能にする。

(2) 個々のジャーナリストの見識を高める

生物多様性などの、新しい概念で、かつ地域的にも領域的にも幅広い範囲の取材対象をもつテーマに取り組むには、取材するジャーナリストの側の見識を、これまで以上に高めなければならない。本プロジェクトも、その目的からプロジェクト発足当初、研究者を招いて勉強会を繰り返した。記者クラブで発表される発表記事を、右から左に垂れ流すのではなく、何を素材にしてどう取材して書くか、それを工夫するのがジャーナリストの力量の一つであり、そのためには、一人一人の見識を高めなければならない。見識を高めることにより、社内に企画を通すための説得もしやすくなる。

(3) 企画を実現させる工夫をする

個々のジャーナリストは、取材に関しての工夫をすることはもちろんだが、企画の実現のために工夫をすることも、新しい概念の報道を試みるためには、極めて重要な作業となる。単に上司を説得する、ときには喧嘩をしてページを勝ち取るということだけではなく、特に構造的な問題にまで掘り下げるような報道をするために、(1)で述べたように取材協力者と連携を密に取り、取り上げやすい活動をうながすなど、取材者が積極的に取材協力者と企画を作り上げていくという工夫もしていくことが必要である。

(4) 発表媒体を分散させる

メディアは、その種類によって、それぞれの特性が異なる。それぞれのジャーナリストが、一つの発表媒体に固執するのではなく、企画によって発表媒体を別々に検討していくという発想が要求される。日本環境ジャーナリストの会では、放送、新聞、出版、フリーランスと、様々な立場のジャーナリストが情報交換をし、連携を取っていくことが可能である。この特性を今後もさらに活かして、報道したい内容に沿った媒体と報道の仕方を考案して、それぞれ分散した媒体で、さまざまなかたちで発表していくということも必要である。その際、旧来の媒体ではなく、斬新な発表方法を構築することもまた、重要な点としてあげられる。ソーシャルネットワーク、電子書籍など、まだ報道の方法として潜在的な可能性はあるのに、十分に活用できていない分野がある。そのあたりも、今後の研究、工夫がさらに重要となろう。

本プロジェクトは、冒頭にもお伝えしたが、地球環境基金の助成により、3年間のプロジェクトとして活動を行ったものである。

3年間の調査・研究の過程で、さまざまな方々のご協力をいただいた。その全ての方々に、あらためて御礼の言葉を記させていただきたい。特に「早稲田環境塾」「森林塾青水」には、絶大なるご支援とご協力をいただいた。この二つの大きなお力なしには、本プロジェクトは実現できなかった。この場を借りて、感謝の言葉を申し上げたい。

なお、本書の出版に際しては、日本環境ジャーナリストの会会員たちが、本業の取材・執筆活動の合間を割いて執筆・編集作業にあたってきたこともあり、テーマの検証・集成にも予定以上の時間を費やさざるを得ず、出版の時期が大幅に遅れるという結果となった。関係者の方々に多大なご迷惑をおかけしたことを、ここにお詫び申し上げたい。

「利根川流域の生態系サービスについて、新しい報道手法を確立する」というこのテーマは、ひいては、あらゆる環境報道についてもあてはまる問題である。

環境報道はいま、かつてないほど、新しい価値観、新しい概念に沿って、新しい報道手法を確立することが期待されている。時代の空気を実感しながら、私たち「日本環境ジャーナリストの会」は、さらに、このテーマについて継続して研究していきたいと思っている。

日本環境ジャーナリストの会
プロジェクト担当理事
高田 功

著者略歴

鷲谷いづみ（わしたに　いづみ）

中央大学理工学部教授。１９５０年東京都生まれ。１９７８年、東京大学大学院理学系研究科博士課程修了。理学博士。筑波大学生物科学系講師、助教授、東京大学大学院農学生命科学研究科教授を経て、２０１５年から現職。専門は生態学・保全生態学で、里山や水辺の生物多様性の保全と再生などに関する幅広い研究や普及活動を行っている。著書に『生態学——基礎から保全へ』（培風館）、『自然再生』（中公新書）、『さとやま』『生物多様性入門』（以上、岩波書店）ほか。みどりの学術賞、日本生態学会功労賞などを授賞。

原　剛（はら　たけし）

早稲田環境塾塾長。日本環境ジャーナリストの会（ＪＦＥＪ）会員・元会長。１９３８年台南市生まれ。早稲田大学法学部卒。早稲田環境学研究所顧問。日本自然保護協会参与。日本野鳥の会評議員。毎日新聞社会部記者・副部長、科学部長、編集委員・論説委員を経て、早稲田大学大学院アジア太平洋研究科教授。１９９３年国連グローバル５００・環境報道賞受賞。編著書に『京都環境学　宗教性とエコロジー』『高畠学　農からの地域自治』（以上、藤原書店）など。

岡山泰史（おかやま　やすし）

編集者。日本環境ジャーナリストの会（ＪＦＥＪ）理事。１９６９年神戸市生まれ。筑波大学生物学部卒。筑波大学大学院生物科学研究科修士課程修了。理学修士。１９８４年、山と溪谷社入社。自然図書編集部編集長などを経て独立。現在、クリエイトブックス代表。著書に『あなたの暮らしが世界を変える』、『つながるいのち　生物多様性からのメッセージ』（共著、いずれも山と溪谷社）ほか。

金　哲洙（きん　てつしゅ）

農業ジャーナリスト。日本環境ジャーナリストの会（ＪＦＥＪ）理事。１９６４年中国吉林省生まれ。中国延辺大学卒。京都大学大学院（農学部）の研究員などを経て、２００４年７月、日本農業新聞社に入社。主に、韓国・中国など東アジアの食料事情や日本農産品の輸出事情など貿易関連を取材。共著書に『恐怖の契約　米韓ＦＴＡ――ＴＰＰで日本もこうなる――』（農文協ブックレット）。

水口　哲（みずぐち　さとる）

ジャーナリスト。日本環境ジャーナリストの会（ＪＦＥＪ）会長。１９５７年北海道生まれ。早稲田大学法学部卒。博報堂で、ディーゼル車ＮＯ！作戦、クールビズ、ＩＰＣＣの第４次と第５次評価報告書の広報を担当。傍ら、国内外の農林業、環境問題、まちづくり、国連の気候変動や化学物質規制の条約交渉を取材。共著に『アメリカは自由貿易に反対する』（農文協、93年度農業ジャーナリスト賞）、『Theory and Practice of Urban Sustainability Transitions』(Springer, 2016) など。

小林　聡（こばやし　さとし）

上毛新聞社編集局文化生活部部長。１９６３年群馬県生まれ。明治大学文学部卒。１９８９年、上毛新聞社入社。編集局整理部、経済部、文化生活部のほか、桐生支局、館林支局、東京支社などに勤務。２００９年２月から２０１２年２月まで沼田支局に勤務した。２０１５年２月より現職。群馬県文化審議会委員、群馬県埋蔵文化財調査事業団評議委員。

竹内敬二（たけうち　けいじ）

朝日新聞編集委員。日本環境ジャーナリストの会（ＪＦＥＪ）会員。１９５２年岡山県生まれ。京都大学工学部修士課程修了。科学部記者、ロンドン特派員、論説委員などを務め、環境・原子力・自然エネルギー政策、電力制度などを担当。温暖化の国際交渉、チェルノブイリ原発事故、3・11などを継続的に取材。著書に『電力の社会史　何が東京電力を生んだのか』『地球温暖化の政治学』（いずれも朝日選書）など。

明珍美紀（みょうちん　みき）

毎日新聞記者。札幌報道部、社会部などを経て、健康医療・環境本部委員兼社会部。アジアの戦後補償問題をはじめ環境や震災、原発問題などを取材。2003年から2004年まで、女性初の新聞労連委員長を務める。共著書に『検証「日韓報道」ペンの懸け橋』（大村書店）、『がんに負けない　治療の最前線』（毎日新聞社）など。JCJ（日本ジャーナリスト会議）とメディアの労組によるインターネットサイト「憲法メディアフォーラム」編集委員

髙田　功（たかだ　いさお）

集英社インターナショナル出版部部長。日本環境ジャーナリストの会（JFEJ）理事。1959年東京都生まれ。慶応義塾大学文学部卒。㈱扶桑社にて、週刊誌記者、週刊誌編集者を経て94年、米国クレアモント大学院大学に入学。政治経済学部公共政策学科にて環境政策を専攻。96年に帰国後、㈱集英社インターナショナルに入社。ノンフィクションを中心に、雑誌、書籍の編集を担当。

www.shimizukobundo.com

「自然の恵み」の伝え方
生物多様性とメディア

発行　二〇一六年八月一〇日
編者　日本環境ジャーナリストの会
協力　早稲田環境塾

発行者　礒貝日月
発行所　株式会社清水弘文堂書房
住所　東京都目黒区大橋一-三-七-二〇七
電話番号　〇三-三七七〇-一九二二
FAX　〇三-六六八〇-八四六四
Eメール　mail@shimizukobundo.com
WEB　http://shimizukobundo.com/

印刷所　モリモト印刷株式会社

落丁・乱丁本はおとりかえいたします。

ISBN978-4-87950-623-8 C0000